U0902327

我们内心的冲突

OUR INNER CONFLICTS

[美]卡伦·霍尼 —— 著
江月 —— 译

天津出版传媒集团
天津人民出版社

图书在版编目（CIP）数据

我们内心的冲突 /（美）卡伦·霍尼著；江月译
. -- 天津：天津人民出版社，2019.6
ISBN 978-7-201-14688-1

Ⅰ. ①我… Ⅱ. ①卡… ②江… Ⅲ. ①精神分析
Ⅳ. ① B841

中国版本图书馆CIP数据核字（2019）第084743号

我们内心的冲突
WOMEN NEIXIN DE CHONGTU

出　　版　天津人民出版社
出 版 人　刘　庆
地　　址　天津市和平区西康路35号康岳大厦
邮政编码　300051
邮购电话　（022）23332469
网　　址　http://www.tjrmcbs.com
电子邮箱　tjrmcbs@126.com

责任编辑　陈　烨
策划编辑　冀海波　辜香蓓
特约编辑　李　羚
装帧设计　VIOLET

制版印刷　河北鑫融翔印刷有限公司
经　　销　新华书店
开　　本　880×1230毫米　1/32
印　　张　8
字　　数　150千字
版次印次　2019年6月第1版　2019年6月第1次印刷
定　　价　42.80元

目 录

第二部分

未解决冲突的后果

结论

神经症冲突的解决

前 言

我写这本书的目的是推动精神分析的进步，我对患者和自己进行的分析的经验之谈也收入在本书中。尽管书中的理论是多年间一点点形成的，但是我的观点最终成形却是在我开始为美国精神分析协会的一系列讲座做准备的时候。

我的第一个讲座题为《精神分析的技术问题》，是围绕精神分析的技术层面展开的。第二个讲座题为《人格的整合》，举办于1944年，内容包括这本书所提及的问题。其中，“精神分析疗法中的人格整合”“疏离心理学”和“施虐倾向的意义”等主题在精神分析推进协会和医学专科学院已经讲过了。

我希望这本书能够帮助那些真正想要改进我们的理论和分析方法的精神分析师，也希望他们在将这里描述的观点用于患者的同时，也能用于他们自己。精神分析要想取得进步，必须用强制的手段，将我们和我们的困难包括进去，并且对自己的经验进行学习。如果我们故步自封，不接受改变，我们的理论势必会变成空洞的教条。

不过，我深信，那些想要认识自我，并且没有放弃成长努力的人会从每一本超出纯粹谈论技术问题和抽象心理学理论的书中受益。在这种复杂的文化中生活的大部分人都有本书中所描述的那些内心冲突，而且需要一切能够得到的帮助。尽管只有专家才能治愈严重的神经症，但是我依旧相信，通过我们自己不懈的努力，能够最大程度地解决我们内心的冲突。

首先，我要向我的患者们致谢，因为我是在与他们一起工作的过程中对神经症有了更全面的认识。我也要感谢我的同事们，他们的兴趣和富有热情的理解在工作上给予了我莫大的鼓励。我指的不只是比我年长的同事，还有那些在我们研究所接受培训的年轻的同事，我从他们那些有批判性的观点中深受启发，他们的那些讨论对我也有很大的激励作用。

此外，有三位精神分析领域之外的人以特定的方式支持了我，并促进了我的工作。第一位是在弗洛伊德经典精神分析作为仅有的得到认可的分析理论和实践时，为我提供了在新社会研究学院发表观点的机会的阿尔文·约翰逊博士。第二位是新社会研究学院哲学和人文科学系主任克拉拉·梅耶，我特别感激她。这么多年来，她一直对我的工作很感兴趣，并且鼓励我与她们一起分享和探讨分析工作中的一切新发现和新观点。第三位是诺顿先生，他是我的出版人，他提出的建议帮助我对本书进行了很多改进。最后，我还要感谢米内特·库恩，她在很大程度上帮我更好地组织了书中的材料，让我将我的观点阐述得更加清晰。

卡伦·霍尼

导 论

在对神经症进行研究时，不管我们的出发点是什么，不管经过的途径有多么曲折，我们最终都会认识到：神经症的源头是人格的紊乱和失调。实际上，这一内容几乎被囊括在所有其他的心理学发现之中，也可以说这是一个再发现。每个时代的哲学家和诗人都明白，患上精神疾病的人从来都做不到内心平静、思维理智，他们只会饱受内心冲突的折磨。用现代理论来说，不管其症状是怎样的，每一种神经症都是性格神经症。所以，在理论研究和实际分析中，我们应该努力做到更好地解析神经症性格结构。

尽管弗洛伊德的起源理论没能让他对这个观点进行更加明确的陈述，但实际上，他的这些开创性工作已经非常接近这个观点了。后来，很多人陆续对弗洛伊德的研究进行了继承和发展，特别是奥托·兰克、弗朗茨·亚历山大、哈拉尔德·舒尔茨·亨克和威廉·赖希等，不过，他们在性格结构的确切本质和诱发动因上始终没有达成一致。

我的出发点与他们的非常不一样。弗洛伊德对女性心理学的假设促使我对文化因素在其中发挥的作用进行了思考。很明显，由于受到文化因素的影响，我们才持有了男性阳刚、女性阴柔的观念，不过对我来说，我认为造成弗洛伊德的结论有一定的偏差的原因正是他没有考虑文化因素。十五年来，我对这个课题的兴趣越来越浓，尤其是当我与埃利希·弗洛姆共事时，他用他渊博的社会学和心理学知识让我明确地认识到，社会因素不仅在女性心理学方面应用广泛，在其他方面同样也有重要影响。

1932年，当我来到美国的时候，我的想法被证实了。那时我发现，这里的人们在气质和神经症等很多方面都与我在欧洲国家观察到的不同，而可以充分解释这一点的只有文化差异。后来，我将自己的观点写入了《我们时代的神经症人格》一书，那就是神经症的源头是文化因素，更确切地说就是，人际关系的紊乱和失调引发了神经症。

在写《我们时代的神经症人格》之前的几年里，我还进行着另外一项研究，这项研究的主要目的是探寻什么是神经症中的内驱力。对于这个问题，首先给出答案的是弗洛伊德，他认为，强迫性内驱力是这些力量的源头，也是人们的本能，人们渴望获得满足，并且忍受不了挫败，所以它们不仅在神经症患者身上起作用，在其他人身上也会起作用。但是，倘若神经症的源头是人际关系紊乱，这一假设就不成立了。正因如此，我对这个问题的看法可以简单地归纳为以下几点：强迫性内驱力是神经症所独有的；它们的源头是孤独、恐惧、绝望和敌意等感觉，代表的是患者面对生活的方式；它追求的不是获得满足，而是安全感；它之所以有强迫性，是因为其背后潜伏着焦虑感。我在《我们时代的神经症人格》一书中清楚、细致地描述了这些内驱力中的两种——对情感和权力的病态需求。

尽管我发自内心地对弗洛伊德学说中最基本的原理表示认可，但我依然意识到，在我寻找更好的理解时，我的研究方向已经与弗洛伊德截然不同了。倘若弗洛伊德认为的这么多本能的决定因素都是文化，倘若这么多他认为是“力比多[①]”的东西都是由焦虑引发的对情感的病态渴求，其目的在于与他人相处时可以获得安全感，那么力比多理论就不成立了。尽管童年时期的经历很重要，但是在看待它对我们生活的影响时，不应该

① 力比多即性力。这里的性不是指生殖意义上的性，它被称为“力比多”(libido)，泛指一切身体器官的快感，包括性倒错者和儿童的性生活。精神分析学认为，力比多是一种本能，是一种力量，是人的心理现象发生的驱动力。

只用弗洛伊德的理论去解释，因为，其他相异理论肯定会随之而来。所以，我认为有必要明确地表达出我的观点与弗洛伊德观点的不同之处，于是就有了《精神分析新法》一书的出版。

与此同时，我还在继续探寻什么是神经症的内驱力。我把强迫性内驱力称为神经症倾向，并在之后出版的书中对十种这样的倾向进行了详细描述。我在那时已经意识到神经症性格结构的关键意义。当时，我将这种结构视为由许多核心和一种神经症倾向的微观世界相互作用形成的宏观世界。如果精神分析不是将我们现在遇到的困难与以前的经历联系在一起，而是用于对我们现有人格中各种因素的相互作用进行理解，那么我们几乎可以不需要专家的任何帮助就能认识并改变自己。这是这种神经症理论的一个特别的实践意义。现在的情况是，人们对精神分析疗法的需求非常广泛，但是可以得到的帮助却非常少，因此，自我分析似乎让人们看到了满足这一需求的一丝希望。由于那本书的大部分内容都是在对自我分析的可能性、局限性和方法进行讨论，所以我将它称为《自我分析》。

不过，我并不满足于对个体倾向的描述。当我将各种倾向准确地描述出来以后，我仍然担心简单的罗列会使它们显得太过孤立。我能看到，强迫性的谦逊、对情感的病态渴求和对“伴侣”的需要都是同一类，但我并未看到，这些个体倾向结合在一起就代表着对自己和他人的一种基本态度和特殊的生活哲学。这些倾向正是我现在称之为“亲近人”的那种类型的核心。

我也发现，神经症的野心与对权力和名望的强迫性渴望之间有一些共同点，它们粗略地构成了“对抗人”的那种类型的组成因素。尽管对完美的追求和被人崇拜的需求都具备神经症的所有特征，而且给患者与他人的关系造成了影响，但它们好像主要涉及患者与自身的关系。还有，利用他人的需求与对情感和权力的需求相比，似乎不那么基本，也不那么广泛，就好像它是从某个大的整体上取下来的一个小碎片，而不是一个独立的实体。

后来，我的疑问被证明是有道理的。我的兴趣点在之后的研究中转移到了神经症冲突的作用上。我在《我们时代的神经症人格》一书中说过，神经症是不同的神经症倾向相互碰撞产生的。神经症倾向不仅会相互强化，还会在相互矛盾的神经症倾向之间制造冲突，尽管它们在开始时只与患者对他人的矛盾态度有关，可是随着时间的流逝，它们最终会将患者对自己的矛盾态度、矛盾的价值观以及矛盾的品性囊括进来。这些，我在《自我分析》一书中已经提到了。

我通过越来越多的现象认识到了冲突的重要性。最初，对我冲击最大的是患者居然完全不知道他们内心存在的矛盾，在我为他们指出这一点时，他们好像对此毫无兴趣，而且还会变得闪烁其词。在遇到许多次这样的情况后，我发现，这种闪烁其词实际上表达了他们的一种态度，即十分反感如我这般想要帮助他们解决这些矛盾的分析者。最后，他们在清晰意识到冲突后又显得十分惶恐。患者的这种反应让我知道自己是在玩“炸药”，因为他们害怕这些“炸药”会把他们撕成碎片，所以他们有充足的理由回避这些冲突。

然后我开始意识到，患者试图“解决”这些冲突的努力是看不到希望的，更确切地说，这种努力不仅会否认冲突的存在，还会制造虚假的和谐。为了“解决”冲突，患者会自发进行以下四种尝试：

第一种尝试是对一部分冲突进行掩盖，使它们的对立面占据主导地位。

第二种尝试是“远离人”。现在我们重新认识了神经症性疏离——也就是孤独——的功能。孤独是一种对待他人的最初的矛盾态度，是基本冲突的一部分，同时，由于在自己和他人之间保持情感距离会让冲突难以发挥作用，所以它还具有尝试解决冲突的意图。

第三种尝试的类型与前两种完全不同——神经症患者不是“远离人”，而是远离自己。对他来说，他整个的真实自我会显得有些不真实，所以，为了完善真实的自我形象，他会在心中创造一个理想化的自我形象。在这个理想化的自我形象中，冲突不再表现为冲突，它的每个部分都经过了美化，像是一个丰富人格中的不同组成部分。很多之前我们并不了解也无法分析的神经症问题都因这种尝试得到了解释，之前无法归类的两种神经症倾向也因此归了类。力图符合理想化的自我意象是对完美的需求的表现；对被人赞美的需求可以视为需要他人肯定自己就是那个理想化意象，这种意象与现实之间的差距越大，就越难以满足对赞美的需求。因为这种理想化意象对整个人格都有深远的影响，所以在所有解决冲突的尝试中，它可能是最重要的。可是它转而制造了一条新的内心裂痕，所以需要进一步修补。

第四种尝试的出现主要就是为了消除这一裂痕，尽管它曾无声无息地掩饰了其他冲突。患者通过“外化作用”，会觉得内心的活动是在自我之外的事件中发生的。如果理想化意象代表着与真实的自我近在咫尺，那么外化作用则会使真实情况“面目全非”。除此之外，它又制造了新的冲突，更准确地说，是将原有的冲突，特别是自我和外界之间的冲突，极大地放大了。

以上内容就是我列举的患者为“解决”冲突而进行的四种尝试，其中一部分似乎常常能在各种神经症中起到不同程度的作用，另一部分则会使人格发生深刻的变化。当然，并非只有这四种方法，只是它们是具有普遍意义的。比如绝对正确，患者主要是想通过这种自以为是的态度平息内心的疑虑；玩世不恭，患者想通过蔑视一切价值，消除与理想有关的冲突；过度自控，患者想通过纯粹的意志力强行将已经分裂的内心世界结合起来。

与此同时，我渐渐地将这些悬而未决的冲突的后果一一看清了，比如，各种各样的恐惧、对诚信和道德的损害、精力的浪费以及因感情纠葛而造成的深深的绝望。

直到我看到了患者彻底丧失希望的状态后，才总算懂得了施虐倾向的意义。现在我知道，这些患者是因为对自己丧失了信心才会假装通过替代性生活来尝试解决冲突，他们想要获得报复性胜利的企图已经通过自己在虐待行为中表现出来的态度反映了出来。因此，我认为，对破坏性利用的需求其实只是更广泛且固执地表现自己，而不是一种独立的神经症倾向。我们在找到用以称呼这一群体的更准确的术语之前，暂且将其定义为施虐狂。

就这样，出现了一种关于神经症的理论，亲近人、对抗人和远离人这三种态度之间的基本冲突就是它的动力学中心。患者既害怕自己的人格被分裂，又要维持自身的完整功能，因此他便开始孤注一掷地尝试解决冲突。虽然他能制造出一种人为的平衡，但是新的冲突也会持续产生，所以，为了消除这些新冲突，他又要不断地寻找新的补救措施。神经症患者会因这些逃避分裂、试图进行整合的行为变得更有敌意、更加恐惧、更加绝望、更加疏离自己和他人，结果病情会更加严重，也更加难以找到解决冲突的方法。最后，患者会变得十分绝望，所以就更想在施虐行为中获得补偿，而这样反倒更加重了他的绝望，产生了新的冲突。

这就是神经症的发展和它导致的性格结构的整个状况，令人十分沮丧。既然如此，我为什么还要说我的理论是具有建设性的呢？第一，我的理论结束了那种认为神经症可以通过非常简单的方式“治愈”的不现实的乐观主义，当然，悲观主义亦然。而我之所以说它具有建设性，是因为虽然它意识到了神经症有多么复杂、多么严重，但依然提出了积极的、乐观的观点，它不仅对缓和潜在的冲突有所帮助，还能在实践中真正地将这些冲突一一解决，帮助我们为整合人格而努力。不能通过理性解决神经症冲突，而且患者自身的尝试可能不仅毫无作用，反而会有害。不过，可以通过改变人格中促成冲突的状态来解决这些冲突。因为分析有助于一个人缓解敌意、恐惧和绝望等感受，减轻与自身与他人的疏离程度，所以只要分析工作做得恰到好处，就可以改变这些状态。

弗洛伊德之所以对神经症及其治疗持有悲观态度，是因为他深刻怀疑人性善良和人类发展，在他看来，人天生是要受苦和被毁灭的。只能对驱使人行动的本能加以控制，或者至多使其被“升华”。而我却坚信，人不仅有能力，还有愿望发展自己的潜能，并且变得更好。不过如果他与自己、与他人的关系不断被干扰，他就可能会丧失这一潜能。我相信，只要人活在世上，就可以改变，并且可以持续改变自我。而且，随着理解的不断加深，我更加坚定了这一信念。

第一部分

神经症冲突及解决的尝试

第一章

神经症冲突的尖锐性

首先，我要声明：并非有冲突就是患了神经症。在日常生活中，我们总会因兴趣、愿望和信念的不同时不时地与其他人发生冲突。就像我们总是与环境发生冲突一样，我们内心的冲突也是生命中十分必要的组成部分。

动物的行为主要取决于它们的本能。它们的觅食、防御、交配和抚育后代等行为多多少少都早已被决定，不会因个体意志而发生改变。相反，能够进行选择，也不得不进行选择是人类的特权，也是人类的重负。我们也许不得不在两个相反的欲望之间进行选择，比如，我们既想独处，又想有人陪伴；我们可能想学音乐，又想学医。或者，我们的愿望可能会和义务发生冲突，比如，我们可能想要和爱人在一起，而这时却有身处困境的人向我们求助；我们可能左右为难，既想表达自己的反对意见，又想与他人保持一致。又或者，我们可能会在两种不同的价值观面前难以抉择，比如，在战争年代，我们认为参军是一种义务，但也认为留下来承担起家庭的责任也是自己应该做的事。

这些冲突的类型、强度和范围主要取决于我们所处的文化。如果这是一种非常稳定且恪守传统的文化，那么可能出现的选择种类会十分有限，个体可能产生的冲突也不会特别多。不过即便如此，冲突也不会彻底消失：一种忠诚与另一种忠诚可能会互相矛盾，个人愿望与集体义务也可能会互相矛盾。不过，如果文化正值快速转型期，在此期间，完全不同的生活方式和相互矛盾的价值观并存，那么个人不得不做出的选择将会因为多种多样而变得异常困难：他可以崇拜成功，也可以鄙视成功；他可以特立独行，也可以人云亦云；他可以独自隐居，也可以成为一个合群的人；他可以认为应该严格管教孩子，也可以认为应该“放养”他们；他可以怀有种族歧视的态度，也可以认为肤色或者鼻子的形状与人的价值无关；他可以认为对男人和女人应该用不同的道德标准进行评判，也可以认为应该用同样的道德标准进行评判；他可以将两性关系看作是情感的表达，也可以认为它与情感无关。像这样的选择还有很多。

毋庸置疑，在我们这种文化中生活的人必须常常面对这样的选择，所以发生冲突是很正常的事。不过，让人感到惊讶的是，大多数人对这些冲突毫无所觉，也从未想过用具体的方法来解决这些冲突：他们经常被意外事件所左右，多半随波逐流；他们不清楚自己的立场；他们下意识地选择妥协；他们卷入矛盾后还不知道发生了什么。在此，我所指的正常人只是没有患神经症的人。

因此，要想意识到矛盾的存在并做出决定，我们必须知道自己有何愿望，尤其要知道我们的感情到底是怎样的：到底是真的喜欢这个人，还是因为觉得应该喜欢他就自以为喜欢了呢？倘若我们的父母永远地离开了，我们是真的感到悲伤，还是因为别人的看法才会哭泣呢？我们是发自内心地想要成为律师或医生，还是因为这些职业受人尊敬并且收入丰厚才想去做呢？我们是真的希望自己的孩子能够幸福、自立，还是只是随便说说而已？大部分人会发现，这些问题看起来十分简单，想要回答却并不容易，也就是说，我们根本不明白什么是自己真正的感受和需要。

因为冲突往往与信仰、信念或道德观有关，所以只有我们将完善的价值观建立起来，才有可能真正认识这些冲突。从他人那里获得的价值观不足以导致冲突，也难以指导我们做出决策，因为它们并非我们自己的。当新的观念对我们产生影响时，这些价值观会轻易地被抛弃，并被新的价值观所取代。倘若我们只是简单地接受了别人的价值观，并将其当成自己的，那么，就不会出现关系到我们自身利益的冲突了。比如，如果一个儿子从未对他心胸狭隘的父亲产生过怀疑，那么，即便他的父亲让他从事的职业为他所不喜，他的内心也不会产生冲突；当一个已婚男子喜欢上别的女人时，他已经身陷冲突之中了，当难以确定自己对婚姻的信念时，他不是面对冲突做出决定，而是会索性选择一条最省事的解决之道。

认识到这样的冲突后，我们必须放弃两个冲突中有争议的那一个。不过，能够保持头脑清醒并且自觉放弃的人很少，因为我们的情感和信念混在了一起。究其根本，可能还是因为大部分人缺乏足够的安全感和幸福感，难以做到坦然放弃。

一个人愿意并且有能力负责是他做出决定的前提，包括要为做出一个错误决定负责，并且愿意承担所有后果而不将责任推卸给他人。他也许会想："这是我自己的事，我自己的决定。"他必须具备大部分人明显缺少的素质，那就是内在的力量和独立性。

无论我们多么不想承认，很多人都被冲突弄得束手束脚，所以我们在对待那些似乎一帆风顺、完全没有被这些冲突干扰的人时，经常会怀有嫉妒和羡慕之心。这种羡慕不无道理。那些人也许是已经确立了自己的价值观的强者，或者在他们的成长过程中，冲突已经无法造成明显的影响，也已经不用那么迫切地做决定了，因此他们拥有了一种从容的风度。不过，外在的风平浪静也许只是假象，更多时候，我们羡慕的那些人由于顺从、冷漠或者侥幸而没有能力主动地、真正地面对自己的冲突，或者用自己的信念将冲突一一解除，因此他们只是随波逐流，或者凭借小把戏获得了一些实惠而已。

尽管有意识地去体验冲突或许会带来痛苦，但毫无疑问，这也是一种可贵的能力。我们在面对自己的冲突时，越是勇往直前并且努力寻找解决方法，就越容易得到内心的自由和更强大的力量。我们能够掌握自己命运的前提是愿意承受打击。一点儿都不要羡慕根植于麻木的虚假冷静，因为它只会让我们身处软弱之中而无力面对现实。

在面对和解决关于生活的基本问题的冲突时，只要我们还活着，就没有理由逃避。教育在很大程度上有助于我们认识自我、树立信念。当我们对与选择相关的各种因素的重要性有所了解后，就能够找到奋斗的目标和生活的方向。

一个患有神经症的人，会很难认识和解决冲突。在此，必须说明的一点是，神经症往往是一个程度问题，因此，我所说的“患有神经症的人”一般是指那些“已经达到病态程度的人”，他对自己的欲望和情感的意识已经减弱了，只有当他的弱点被人击中时，他才能有意识地、清晰地感受到愤怒和恐惧，不过他也可能会将这种反应压抑下去。的确存在这种类型的神经症患者，他们受到强制性标准的影响十分深刻，并且已经没有了识别、决定方向的能力。患者在那些强迫性倾向的控制下，没有了断然舍弃的能力，更遑论对自己负责的能力。

那些困扰正常人的普遍性问题同样也可能属于神经症冲突的范围，但是这些问题的种类区别很大，因此会有人质疑在表示两种不同类的东西时使用同一个术语是否恰当。在我看来，这是恰当的，当然我们必须明白他们的不同之处。那么，神经症冲突有什么特点呢?

举一个较为简单的例子。一位与他人合作研究机械设计的工程师常常受到阵发性疲劳和烦躁的折磨，有一次是由下面的事件引起的。在一次技术问题讨论会上，这位工程师的方案没有被采纳，但他的同事的方案被采纳了。没过多久，大家又在他未出席的情况下做出了决议，之后也没有给他提供可以表达自己意见的机会。在这种情况下，他原本可以以程序不公平为由进行抗议，也可以欣然接受大部分人的决定，这两种反应都是协调性反应，可是他并未这样做。尽管他痛恨别人轻视自己，却不曾反抗，他只是觉得愤怒，而这种愤怒只在他的梦中出现。这种被压抑的愤怒中不仅有他对别人的愤怒，也有对自己软弱的愤怒，所以他才会感到疲劳和烦躁。

导致这位工程师没能做出协调性反应的因素有很多。他觉得自己很了不起，但是这种“了不起”要想树立起来必须要有他人的尊重。不过他是无意识的，“在这个专业领域，我的聪明才智无人能及”这一想法一直都是他行动的出发点，所以所有对他的轻视都会因为触及这一“底线”而让他感到愤怒。不仅如此，他还有无意识的施虐倾向，想对他人进行指责和羞辱，尽管他很厌恶这种态度，将其掩藏在过分的友好之下。此外，还有一种因素——他的无意识内驱力，即为了达到利己的目的而去利用他人，因此他不得不在他人面前保持良好的风度。另外，他对他人的依赖还因其对情感和赞美的强迫性需要，以及他的忍让、迁就和顺从等态度而变得更加严重，于是，冲突就这样产生了：一方面是破坏作用极强的攻击性，即他随时会爆发的怒火和施虐倾向；另一方面是对情感和赞美的渴望，并且努力在自己眼中显得理性和公平。结果，尽管人们看不到他内心的动荡，却能看到他疲惫和无精打采的样子。

当对这个冲突中所涉及的各种因素进行观察时：首先会对它们的完全不相容性感到惊讶——最极端对立的例子就是既颐指气使地要求他人给予自己足够的尊重，又要奉承和迎合他人；其次，工程师对整个冲突始终是无意识的，他并没有意识到矛盾倾向在冲突中起了作用，他深深压抑着这些矛盾倾向，只将一点儿内心的纠结表现在外，情绪也非常理智。他们的方案没有我的好，他们那样做是忽视我的存在，是不公平的；最后，哪怕他对自己的过分要求和依赖他人的行为有一点儿理智上的认识，就会知道冲突的两种倾向都具有强迫性，但是在主观愿望上，他还是没有办法改变。要想改变它们，就要进行大量的分析工作。两方面的强迫性力量在围攻他，而他却无法控制：他不能不去理会自己内心这样迫切的需求，可这些需求却代表不了他真正的需要或追求。他既不想利用他人，也不想顺从他人，因为他对这些做法感到十分不屑。由此可见，这个例子的意义有多么深远，它能够帮助我们对神经症冲突加深了解——它意味着一切决定都是不可行的。

再举一个与这种情况相类似的例子。一位自由设计师偷了他的好朋友的钱。外界无法理解他的这一行为：他确实需要用钱，可他的朋友一定会一如既往地借给他。更加令人震惊的是，他是一个既体面又珍惜友谊的人。

这一行为的真正原因其实是以下的冲突。这个人对情感的需求具有明显的病态特征，特别希望他人随时都能照顾自己，其中也混杂着一种无意识的倾向——想通过他人获取好处，因此他就采用了既想获取他人的情感，又想使自己位于支配地位的行动。原本前一种倾向会让他甘愿接受帮助，可是他脆弱的自尊又对此表示反对。他觉得，别人应该因为可以给他提供帮助而感到荣幸，而自己向别人主动求助则是一种屈辱。由于强烈渴望独立和自给自足，他对求助他人更加反感，这使他无法承认自己的任何需求，也无法让自己对他人有所亏欠。所以他只能索取，而无法接受。

虽然这个冲突与第一个例子不同，但它们在本质上是一致的。所有的神经症冲突都能表现出各种冲突驱力之间的不相容性以及它们的强迫性和无意识性本质，因此，患者自己是无法解决冲突的。

如果一定要在神经症患者和正常人之间划出一条明确界线的话，那么二者的区别主要在于：对于神经症患者来说，冲突的两种倾向的悬殊远比正常人大得多。正常人必须在两种行为模式之间进行选择，不管选择哪一种都统一在人格框架以内，而且是合情合理的。形象点儿来说就是，神经症患者的冲突的两种倾向之间可能有180度的夹角，而正常人的夹角只有90度甚至更小。

另外，两者在意识程度上也有区别。如同索伦·克尔凯郭尔[1]说的那样："真正的生活是多种多样的，无法只用一些抽象的对比将其描述清楚，比如，完全意识到的失望和完全无意识的绝望之间的对比。"不过，我们可以这样说：在正常范围内，冲突是有意识的，而就其主要因素而言，神经症冲突却总是无意识的。哪怕一个正常人也许不能意识到自己的冲突，但是只要给予他一点儿帮助，他可能就会发现冲突的存在，而神经症患者只有在克服巨大的阻力后，才能发现冲突的存在，因为神经症冲突的主要倾向是被深深压抑着的。

最后，正常的冲突所涉及的是在两种可能性或者两种信念之间进行选择，二者都是他希望得到的或者是他所珍视的，因此，对他来说，即使这让他很为难，并要有所舍弃，他还是有可能做出一个合理的决定的。深陷神经症冲突的人做不出自由的选择，因为两种方向相反的强制力驱使着他，而这两个方向他都不愿意跟随，所以无法做出一般意义上的选择。他停下来，无法挣脱。要想帮助他摆脱这些倾向，就必须处理好神经症倾向，并且改变他与自己、与他人的关系。

以上这些特征对神经症冲突为何会如此尖锐做出了解释。这些难以识别的冲突，不仅容易使人感到无望，还足以让人心

---

① 索伦·克尔凯郭尔，丹麦宗教哲学心理学家、诗人，现代存在主义哲学的创始人，后现代主义的先驱，也是现代人本心理学的先驱。

生恐惧。除非我们认识到这些特征，并将它们牢牢记住，不然我们就理解不了神经症患者为消解冲突所做的一切努力和尝试，而它们正是神经症的主要内容。

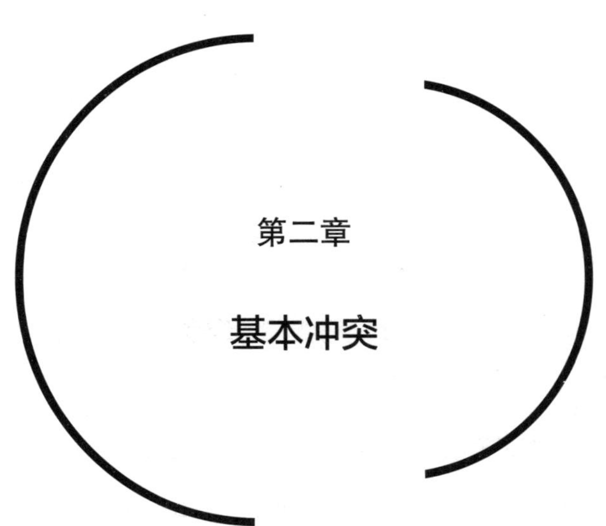

第二章

基本冲突

与人们的一般认识相比，冲突在神经症中所起的作用要大得多。不过，要发现这些冲突却十分困难，这与它们主要存在于无意识中有关，但更多的原因在于神经症患者通常会想方设法地否认它们的存在。那么，我们可以根据哪些迹象怀疑冲突是存在的呢？在第一章所举的例子中，有两个很明显的因素表明了冲突的存在，其中之一就是最终产生的症状，在第一个例子中，最终症状是疲劳；在第二个例子中，最终症状是偷窃。其实，每一种神经症症状都能够证明确实存在冲突，即每一种症状几乎都是由冲突直接或间接产生的。我们将会慢慢看到未被解决的冲突给人们带来的影响，看到它们是怎样导致焦虑、抑郁、惰性、优柔寡断、孤独等状态的。虽然我们还不能揭示根源的确切本质，但是对因果关系的理解对我们将注意力从表面的紊乱转向它的源头大有帮助。

另一个表明冲突存在的因素是自相矛盾，在第一个例子中，我们看到尽管工程师觉得那件事不对，对他来说很不公平，可他并没有反抗；在第二个例子中，一个非常珍惜友谊的人却偷了朋友的钱。患者有时也会意识到自己表现出的这种矛盾，但在大多数时候，他对此都视而不见，而在一个毫无经验的观察者看来，这却是显而易见的。

自相矛盾表明肯定存在冲突，如同体温升高表明人生病了一样。现在，我来告诉大家一些常见的自相矛盾的例子。比如，一个一心想着结婚的女孩却回避向她求爱的男人；一位母亲非常溺爱孩子，却经常忘记孩子的生日；一个对自己很吝啬的人却经常对他人出手大方；一个喜欢清静的人，却无法享受独处；一个对自己过于严厉和苛刻的人却对他人宽容和忍耐。

与症状不一样，自相矛盾往往能够帮助我们就冲突的本质做出试探性的假设。比如，深度抑郁是一个人正处于两难境地的标志，但是如果一位母亲非常溺爱孩子，却忘记了孩子的生日，我们也许会觉得这位母亲更关注的不是孩子本人，而是怎样成为一个好母亲，我们甚至可以承认存在这一可能性，即她想要让孩子经历挫折的无意识施虐倾向与她想成为好母亲的理想互相冲突。

有时，冲突会浮于表面，即我们能够体验到冲突的存在，这和我所说的“神经症冲突是无意识的”这一论断似乎互相矛盾。其实，浮于表面的冲突只是真实冲突的变形或扭曲。因此，虽然可以选择逃避，但是当一个人意识到自己将不得不做出一个重大选择时，他可能会深陷于一种有意识的冲突中而难以挣脱。他也许无法决定：娶哪个女人或者要不要结婚，要不要继续维持与别人的合作关系，选择哪份工作。于是，他非常纠结，左右摇摆，根本无法做出任何决定。在这种情况下，他可能会向心理分析师求助，期望分析师能帮他将自己的问题厘清。不过他肯定会失望，因为他目前的冲突只是内心冲突的最终爆发。倘若不继续往下探寻，发现隐藏在背后的冲突，他的问题最终也不会得到解决。

患者与周围环境之间的矛盾是他内心的冲突被外化并出现在他有意识的思维里的体现。或者，当一个人发现他的愿望与那些表面上看起来毫无缘由的恐惧和压抑互相矛盾时，他也许会意识到他内心的冲突可能有着更深层次的原因。

越了解一个人，我们就越能将那些导致神经症外显症状、自相矛盾以及表面冲突的矛盾因素识别出来，不过我必须补充一点，因为矛盾的种类和数量都增加了，这种情况反而会令人更加困惑。因此我们自然会问：会不会有一个基本冲突隐藏在一切冲突背后，并且它就是所有冲突的根源？我们能不能用一段不和谐的婚姻来对冲突的结构进行解读？在这段婚姻中有很多涉及朋友、孩子、理财、一日三餐等的分歧和争吵，它们在表面上看似乎不相关，但其实它们都源于这段婚姻关系本身存在的不和谐。

从古至今，人们坚信人格中存在着某些基本的冲突，这种观念在不同的宗教和哲学中所起的作用都十分重要。它的表现形式有上帝和魔鬼的较量、光明和黑暗的较量以及善与恶的较量。在现代心理学中，弗洛伊德在这一点和很多其他方面的理论研究都具有开创性，他的第一个假设就是，盲目追求满足的本能驱力与家庭和社会形成的险恶环境之间的冲突即为基本冲突。在人的幼年时期，险恶环境就已内化于人格之中，从此便以可怕的“超我”形式出现。

这个假设十分严肃，不太适合在这里讨论，那样的话，我们就需要详细地论述所有反对力比多理论的观点，因此我们还不如将弗洛伊德的理论前提放在一旁，尝试对这种观念本身的意义进行理解。这样，只剩下这一论点：我们各种各样的冲突的根源是原始的利己驱力和良知之间的对立。如同下文要说明的那样，我也觉得在神经症结构中这种对立（或者是我认为与这种对立大体上相差无几的东西）具有重要的地位，不过对于它的基本属性问题我却有不同的看法。我觉得，尽管它是一种主要冲突，却具有继发性，必然会在神经症发展过程中出现。

我会在后面详细论述自己持有这种不同看法的原因，这里只说一点：我对一切存在于欲望和恐惧之间的冲突会造成一个神经症患者产生十分严重的内心分裂，以及它可以毁掉一个人的生活的说法都持怀疑态度。弗洛伊德假设的那种精神状态表明，神经症患者有能力为达成某种目的而奋斗，只是恐惧阻碍了他的努力。我认为，神经症患者丧失全心全意争取某物的能力就是冲突的根源，因为他的一切愿望都是分裂的，即他的一切愿望都是相互抵触的。它所形成的状态确实会比弗洛伊德所设想的复杂得多。

虽然与弗洛伊德认为的基本冲突相比，我所认为的冲突更具破坏性，但我对于最终解决可能性矛盾的观点却比他更乐观。在弗洛伊德看来，普遍存在的基本冲突在原则上是无法被解决的，我们所能做的只是更好地妥协或者更好地控制。我认为，神经症的基本冲突不一定第一个出现，假如真的出现了，只要患者愿意付出努力并且可以承受分析过程中的艰难，是有可能解决它的。我与弗洛伊德观点的区别是：我们从不同的前提出发，得到的结果也截然不同。

弗洛伊德对基本冲突问题的回答在哲学上具有一定的吸引力，如果暂且不说他思想中的各种暗示，可以将他关于

“生”“死”本能的理论归结为人类的建设性和破坏性力量之间的冲突。弗洛伊德更感兴趣的是这两种力量是怎样融合起来的。比如，他用性本能和破坏本能相结合的结果来解释受虐和施虐驱力。他并不想把这一概念与冲突联系起来。

如果在对冲突的研究中运用我的观点，就要引入道德观念。不过对弗洛伊德而言，道德观念只是对科学领域的非法入侵，他按照自己的信念，努力构建了一种根本不涉及道德观的心理学。我觉得将弗洛伊德的理论和基于这一理论的治疗方法限制在极小的范围内的正是这种“忠于科学”的努力。又或者说，他的这种努力似乎造成了他的失败，哪怕他已经在这一领域进行了大量的研究工作，他也无法认清冲突在神经症中所起的作用。

荣格[①]也十分强调人类的相互冲突。他有感于个体存在的多种矛盾，总结出了这样一条规律：每一个元素的存在都意味着它的对立面的存在。表面的外向掩盖着内向；外表柔弱而内心刚强；思维和理智在表面上占据主导作用，而内心却重视情感等。到这儿，荣格好像将冲突看成了神经症的一个基本特征，

① 卡尔·荣格，瑞士心理学家。1907年开始与西格蒙德·弗洛伊德合作，发展及推广精神分析学说长达6年之久，之后因与弗洛伊德理念不和，与他分道扬镳，创立了荣格人格分析心理学理论，提出“情结“的概念，把人格分为内倾和外倾两种，主张把人格分为意识、个人无意识和集体无意识三层。

然而他接着又说这些对立面是互补的，并不冲突，其目的就是接受两者，并靠近理想的完美状态。对他来说，神经症患者是指对某一方面的发展过于注重而陷入困境的人。荣格在“互补法则”中论述了这些观点。我也承认，在一个完整的人格中会体现出包含互补因素的对立倾向，不过我认为，这些因素产生于神经症冲突，是患者解决冲突的各种尝试，因而被患者执着地坚持着。比如，一个内向、沉默寡言的人，只关注自己的感受和想法而对他人视而不见，倘若我们把他的这种表现看作是一种真正的倾向，即这种表现取决于机体素质并通过经历得到了强化，那么就验证了荣格的推理，有效的治疗步骤为：先告诉患者他具有潜在的“外倾”倾向，分别指出对任何一个倾向偏重都有危险，接着鼓励他接受这两种倾向，并在自己的生活中运用它们。不过，倘若我们把患者的内倾（或者，我更喜欢叫它神经症孤独倾向）看作是他逃避冲突的一种方式，那么我们面临的任务就是分析内倾外表之下隐藏的冲突，而不是鼓励他外倾一些。只有将这些冲突一一解决，才可以接近“内在完整”这一目标。

现在该阐述我的观点了。在我看来，神经症的基本冲突存在于一个人对别人的矛盾态度之中。在进行具体讨论前，让我们先回忆一下“化身博士”的故事：海德先生既敏感、体贴、富有同情心、乐于助人，又无情、残忍、自私自利。在这一故事中，作者对矛盾有着戏剧性的表现。当然，我不想暗示神经症分裂总是和这个故事中的主人公相同，我只想指出，我们往往可以在患者对待他人的态度中看到根本的矛盾。

要对这个问题的起源进行追寻，我们必须讨论一下被我称为“基本焦虑”的概念，它是指患病儿童在一个有潜在敌意的世界中所体验到的孤立和无助。许多外界环境中的不利因素都可能使孩子缺乏安全感，比如：冷漠；情绪化的行为；直接或间接的管教；缺乏真正的指导；轻蔑的态度；不尊重孩子的需求；缺少温情；赞美过多或者没有赞美；过分溺爱；不允许孩子与别的孩子交往；让孩子在父母的不和中“站队”；歧视；不公平；不遵守诺言；让孩子承担太多的责任或者任其无所事事；敌对的氛围，等等。

需要特别提醒家长注意的一点是，环境中潜在的伪善会被孩子觉察到。他们会认为父母的爱和他们所表现出的诚实和慷慨以及他们所做的慈善活动等都可能是伪装出来的。在孩子的感受中，父母的这些行为确实有一部分是伪善的，但其他的或许仅仅是他从这些行为中感受到了矛盾而做出的反应。通常来说，导致这种情况的因素都是一起出现的，它们可能很明显，也可能很隐蔽，所以分析师只能一点点认识到它们对孩子的成长造成的影响。

由于受到这些令他们不安的状况的烦扰，孩子们不停地寻找应对这个险恶世界的方法。虽然充满了怀疑和恐惧，在面对所处的环境时，他们还是无意识地形成了自己的方式。他们不仅找出了应对策略，而且还形成了自己的性格倾向（我称其为“神经症倾向”），并将这些性格倾向融入了他们自己的人格中。

如果想要知道冲突的形成过程，我们就要全局性地对孩子们在这些情况下可能选择的或者实际选择的行动进行观察，不能仅将注意力过多地集中在个体的趋势上。尽管我们暂时无法看到细节，但可以对孩子们应对外界环境时采取的态度进行观察。一开始，我们看到的状况可能会非常混乱，但有三种倾向早晚会逐渐明朗起来：孩子能够亲近人、对抗人或远离人。

当孩子亲近人时，尽管依然存在隔阂和恐惧，但他还是想正视自己的无助，试图获得他人的喜爱并且对他们产生依赖感。只有这样，他才能在和他人待在一起时感到安全。倘若家中发生了争执，为了获得归属感和支撑感，他一般会支持有力的那一方，这样一来，他就会觉得不再像以前那样孤立和无助了。

当孩子对抗人时，他将周围环境中的敌意视为理所当然，并予以接受，因此会有意识或无意识地发起反抗。他对他人的情感和意图持盲目怀疑的态度，并用所有可能的方式进行反抗。

为了保护自己，也为了报复，他想变得更强大，将他人打败。

当孩子远离人时，他孑然一身，既不愿获得归属感，也不愿反抗。他觉得他跟别人根本不一样，别人怎么也理解不了他。他用玩具、书籍、大自然和梦想构建了一个属于自己的世界。

这三种态度的任意一种，都过分强调了基本焦虑中的某一种倾向：第一种态度中强调的是无助；第二种态度中强调的是敌意；第三种态度中强调的是孤立。其实，孩子表现出来的不可能只是三种态度中的某一种，因为在这些态度的形成过程中，三种倾向肯定会全部出现，我们看到的倾向只是在其中占主导地位的那一种。

倘若我们将话题直接转到充分发展的神经症上面，就能更加明显地看出以上讲的这一点。我们都见过能够明显地表现出前面三种态度中的某一种的成年人。但我们也能够看到，他的其他倾向依然会继续发挥作用。比如，我们可以在一个明显表现出依赖和顺从的人身上，发现对孤独的需求和攻击倾向；一个明显怀有敌意的人，也需要独处，也会有顺从的一面；而一个离群索居的人，也可能会怀有敌意或渴望友谊。

不过，决定实际行为的最主要力量依然是占主导地位的倾向，它代表着人们应对他人最熟练的方法和手段。因此，一个有孤独倾向的人为了使自己与他人保持一个安全距离，会使用各种无意识的方法，因为他在所有需要与他人共处的情况下都会手足无措。此外，患者在意识中最能接受的倾向通常会（但不总会）占主导地位。

这并不表示另外一些表现不明显的倾向就没有什么影响力。比如，一般很难判断一个表面上显得顺从、依赖的人，对获得喜爱的需求是否超过了支配他人的愿望的强度，只是他的攻击冲动更为间接。很多例子证明潜在的次要倾向可能具有更大的力量。在这些例子中，次要倾向与占主导地位的倾向发生了逆转。不管是在儿童中，还是在成年人中，我们都能看到这样的换位。英国小说家毛姆的作品《月亮和六便士》中的思特里克兰德就是一个典型的例子，我们也经常能够在女性患者的案例中看到这样的转变。一个女孩原本有雄心，而且有些叛逆，就像个假小子，但当她爱上某个人之后，她可能会变得顺从、黏人，也没有了雄心壮志。或者，在遭遇重大变故后，一个习惯独处的人可能会变得有些病态地依赖他人。

应该在这里补充一点，类似这样的改变或许可以用来回答下面这些我们常常遇到的问题：我们是不是在童年时期就完全定型了，无法改变了？成年后的经历是不是一点儿价值都没有？从冲突的角度来看神经症的发展，对我们做出比人们的一般看法更加恰当的回答大有帮助。比如，有以下可能性：如果孩子在儿童时期得不到严厉的管教，那么他后来的经历，特别是青春期的经历就可能会对他的性格塑造产生影响。然而，如果孩子在儿童时期就被管教得规规矩矩，那么后来什么新的经历都无法改变他的性格。一部分原因是他的死板让他接受不了新体验，比如，他根深蒂固的依赖使他成为受人支配的角色，或者他的孤立可能严重到别人无法靠近他；另一部分原因是他一直用旧有观念看待新体验，比如，在受到他人友好对待时，具有攻击性的人会将这种友好视为愚蠢或者居心不良，新的体验只会使旧有观念得到强化。当一位神经症患者表现出的态度与以往不同时，表面上看似乎是由于他进入青春期或成人期后的经历使他的性格发生了改变，其实这个改变并没有看起来那么明显。事实上，是内在和外在的压力一起强迫他走向了另外一个极端，而将先前占主导地位的倾向放弃了。不过，如果一开始就不存在冲突，是不会发生这种改变的。

用正常的观点来看，这三种倾向应该互相补充、和谐统一，而不应该相互排斥。一个人应该既能够向他人妥协，也能够坚持抗争，也能够离群索居。倘若其中某种倾向占据了主导地位，只能说明在那个方向上发展过度了。

但是在神经症中，这些倾向是无法调和的，这一点有很多理由可以予以说明。神经症患者在面对外界时不能做到灵活应对，他被迫去让步、抗争和逃避，而不管这些行为在特定的环境下合不合适。倘若他用其他方式行动，就会觉得恐慌。因此，当他的身上强烈地表现出这三种倾向时，他就陷入了严重的冲突之中。

还有一个因素将冲突的范围严重地扩大了，那就是以上各种倾向并不只存在于患者的人际关系中，还会向他的整个人格蔓延，如同癌细胞会向机体的各个器官组织蔓延一样。最终，患者与他人的关系，以及他与自己、与生活的关系都会受到这些倾向的支配。如果我们没有充分地认识到这种支配的特性，就会轻易地把冲突导致的结果视为绝对矛盾，比如，顺从与反抗、爱与恨等。不过，这只会使人误入歧途，比如，我们想要对法西斯主义和民主制度加以区分，只注意到在对待某一个问题时二者的态度不同（比如，对待宗教或权力采用不同的态度），就觉得是正确的了。不同的态度是有区别的，但只强调其中一点就会让人混淆：法西斯主义和民主制度代表着两种格格不入的哲学，它们是截然不同的。

一个以我们与他人的关系为开始的冲突最终会对我们的整个人格造成影响，这一点绝不是偶然。人际关系十分重要，它肯定会影响我们的气质，决定我们给自己设定的目标和信仰的价值。而这一切又反过来对我们与他人的关系造成影响，所以它们是难解难分的。

我认为，神经症的核心是由源于矛盾态度的冲突构成的，因此应该将这种冲突称为“基本冲突”。再补充一句，我之所以使用“核心”这个词不仅是为了说明它的重要性，还想要强调这一事实，即它是神经症的能动中心，神经症从这里向外延伸。这个观点是神经症新理论的内核，我会在下文中逐步说明它的含义。从广义上说，可以将这一理论视为对我早期观点的扩充，该观点认为，神经症是人际关系杂乱无序的表现。

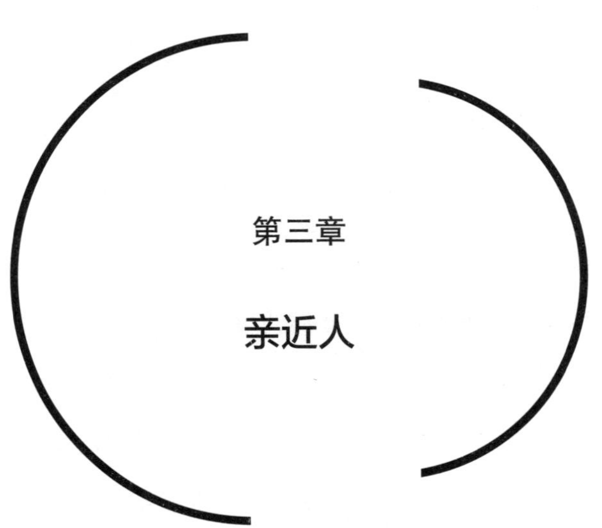

第三章

亲近人

要想将基本冲突说清楚，不能只描述它在一些个体身上的表现。神经症患者构建了一条防线以应对基本冲突的破坏性，但是这样做不仅使得基本冲突难以被看清，还把它深深地藏了起来，以至于无法让它以单独的形态出现。结果就是，浮于表面的不是冲突本身，而是各种解决冲突的尝试。所以，只注意病史的细节并不能看到它所掩盖的各种细微差别，这样过分关注细枝末节的描述肯定无法使问题一目了然。

此外，还需要进一步充实我在前面章节中做的概述。我们要从研究所有的对立因素开始，对基本冲突的内涵进行理解，而要想取得一定的成功，我们只需要对那些某种因素占据主导地位的个体进行观察，对他们来说，这种因素意味着他们更能接受自我。为了便于区分，我将个体划分为顺从型、攻击型和疏离型。对于人们更愿意接受的态度，我会着重注意，尽量不去管它所掩盖的冲突。我们发现，在每一种类型中，都形成了对他人的基本态度，并由此引发了某些特殊的价值。

这种做法或许有一些缺点，但也有一定的优点。首先，我们选择的研究类型可以比较明显地表现出一系列行为、态度和信念等的功能和结构，在隐约出现这些因素时，我们能够更加轻易地将它们识别出来。此外，研究典型的症状对于我们找出这三种态度在本质上的不相容性大有帮助。回到关于法西斯主义和民主制度的比较上。要想找出法西斯主义和民主制度之间的本质区别，我们一开始不会将研究对象选定为一个既信仰民主制度又暗中钦佩法西斯主义的人，相反，我们可以先从社会主义的相关实践和著作中大体地了解法西斯主义，接着再将它们与最典型的民主生活方式加以比较。对比两种信仰之间的不同之处对于我们理解那些想要在二者之间达成妥协的个人和群体大有帮助。

第一组是顺从型人格。有这种人格的人对喜爱和赞赏有明显的需求，他会表现出一种“亲近人”的特质，特别是需要一位“同伴”，可以是一位爱人、一位朋友、一位丈夫或者一位妻子，“这位同伴的首要任务就是操控他，会帮助他决定善与恶，会满足他生活中的所有期待”。这些需求都是强迫性的、盲目的，具有一切神经症倾向的共同特征，并且受挫后会引发焦虑或者沮丧，它们几乎与“他人”的价值和他对“他人”的真实感受毫无关系。虽然这些需求的表达方式可能会发生变化，但它们的中心都是对亲密关系和归属感的渴望。因为这些需求是盲目的，所以顺从型的人总是喜欢忽视他与别人不同的地方，而强调他与别人在兴趣和性情上的共同点。他对别人的误解是由他的强迫性需求所决定的，而不是由无知、愚蠢或者缺乏观察能力引发的。就像一位患者描绘的画面那样，她觉得自己站在画面的正中间，如同一个被奇怪且危险的动物所包围的婴儿一般，渺小又无助，一只大蜜蜂绕着她飞来飞去，想要蜇她，还有一只想抓她的猫、一条想咬她的狗和一头想顶撞她的牛。很明显，这些动物的真实本性无关紧要，那些更令人畏惧也更具攻击性的正是这位患者最想要获得的“喜爱”。总之，这种类型的人需要别人想他、爱他、喜欢他、需要他；需要别人欢迎他、赞赏他、接纳他、钦佩他；需要被他人重视，特别是被某一个人重视；需要他人的保护、帮助、照顾和指导。

当分析师告诉患者他的这些强迫性需求时，他有理由为自己辩护，并很可能会觉得这些需求都是很“正常”的。除了那些被施虐倾向彻底扭曲的人（这一点在后文中将会讨论）——他们已经没有了对情感的渴望，其实，每个人都需要归属感，想要被别人喜欢，想要有人帮助等。患者错在他觉得自己对情感和赞赏的疯狂需求都发自内心，然而实际上，他对安全感的永不满足的需求将他的这些需求全都掩盖了。

他所做的一切都是为了满足安全感的需求，因为这一需求极为迫切。在此过程中，他形成的某些品质和态度能够塑造他的性格，这些品质和态度中的一部分是讨人喜欢的，即在他情感所能够理解的范围内，他能敏锐地感受到别人的需求。比如，虽然他可能会忽视一个有孤独倾向的人的独处愿望，但他却非常敏感地感受到了别人在帮助、同情、赞成等方面的需求。他经常会忽略自己的感受，因为他在自觉地尝试着满足他人对他的期待，或者在他看来是对他的期待。假如不考虑他无止境地要求别人喜爱他这一点，可以说他变得慷慨大方，和愿意牺牲自我。他变得顺从，在他所能承受的范围内过分周到，却忽略了一个事实，即在他的内心深处，他常常认为他人虚伪又自私，而且并不怎么关心他们。不过，倘若允许我用意识的术语对在无意识中发生的事情进行描述的话，就可以这么说：他说服自己喜欢每个人，他们都非常“好”，而且可以信赖。但是这一错误结论不仅让他感到非常失望，还加重了他的不安全感。

他自己把这些品质想得太宝贵了，特别是他盲目地给予，并没有顾及自己的感受或者判断，同时又想得到同样的回报，因此在没有得到回报时，他就会惴惴不安。

还有一种品质与这些品质相似，它表现为对他人的不满、争吵和竞争采取回避的态度。他总是让他人出风头，而将自己放在从属于他人的位置上，位居次席；他会居间调停、息事宁人，并且一点儿怨言都没有（至少这一点是有意识的）。深深压抑着对复仇或者获胜的欲望，乃至他常常吃惊于自己的轻易妥协和毫无怨恨。这里还有一点很重要，那就是他有主动承担过错的倾向。无论他是不是真的感到内疚，他都会主动承担过错而不是将其归咎到他人身上，并且反躬自省；当面对毫无根据的、明显的批评或者预料之中的攻击时，他总是急于认错，毫不在意自己的真实感受。

从这些态度转变为明显的压抑的过程极其微妙。因为他忌讳所有的攻击行为，所以就产生了压抑，他不敢要求他人，不敢批评他人，不敢固执己见，不敢发出命令，不敢有所追求，也不敢突出自己。同时，由于他的生活处处以他人为中心，不管他想做点什么或者享受些什么都被这种压抑阻止了。这种情况继续发展下去可能会让他认为，自己参与的体验是毫无意义的，不管是一场演出、一顿饭、一段音乐，还是一处风景。毫无疑问，如此严格地对自我取悦加以限制，不仅会让他的生活变得枯燥乏味，还会让他更加对他人充满依赖。

这种类型的人除了会将上面列举的品质理想化以外，在对待自己的态度上还有一些典型特征，其中一种就是他认为自己特别脆弱、无助，常常哀叹“可怜又渺小的我”。独处时，他就像迷航的小船，又像没有了教母的灰姑娘，完全不知所措。这种无助感有一部分是真的。当一个人在所有情况下都认为自己无力抗争时，可以想象，他的确会变得软弱。此外，他会向自己和他人坦承自己的无助感，也会在梦中感受到自己的无助，还会常常用这样的无助感吸引他人注意或者进行自我防御：“因为我是如此的脆弱和无助，你必须保护我、爱我、原谅我，你不能扔下我。”

第二个特征来自他主动让自己位居次席的倾向。他理所当然地觉得每个人都比他优秀，因为他们更有智慧，更有吸引力，受教育程度更高，更有价值。他会产生这种感觉并不是没有事实基础的，因为他不自信，又没有主见，而这肯定会削弱他的能力；哪怕是在他绝对擅长的领域，哪怕成绩本该属于他，自卑感也会让他把成绩让给“能力强于他”的人。当面对傲慢的或者有攻击性的人时，他更加觉得自己既渺小又无用，甚至哪怕是当他独处时，他也倾向于低估自己的天分、品质、能力和物质财富。

第三个特征是依赖他人，即他经常会无意识地倾向于用他人对他的看法来对自己进行评价。随着他人对他的褒贬和喜恶，他的自尊感也变得强弱不定，因此对他而言，他人的任何拒绝都是灾难性的打击。倘若某人没有回应他，尽管他在理智上可以接受，但是按照他内心世界独有的逻辑方式，他的自尊会彻底消失。也就是说，任何拒绝、批评或者背叛对他来说都是可怕的威胁，因此他会尽全力去挽回那个对他造成威胁的人的尊重。在左脸挨了耳光以后，他会主动把自己的右脸凑过去，这样做是他根据内心发出的指令所能做的唯一努力，而不是由于受到某种神秘的“受虐狂”驱力的迫使。

这一切形成了他的一套特殊的价值观。当然，这些价值观根据他的成熟度，在清晰和坚定的程度上也多多少少会有些不同。它们建立的基础是同情、善良、无私、爱、慷慨和谦卑等；而他所痛恨的是野心勃勃、麻木不仁、自私、狂妄和使用权势等，尽管他在暗中或许会钦佩它们，因为它们意味着“力量”。

以上就是神经症“亲近人”所涉及的特征。现在你们应该明白了，这些特征反映的是一整套感受、思维和行为的方式，或者说是一种生活方式，描述这些特征时只用一个术语——比如顺从或者依赖——是多么不恰当。

我说过不对那些相互矛盾的因素进行讨论，但是，如果不了解对相反趋势的压抑怎样加强了占主导地位的倾向，我们就不能对患者如何坚守他的这些态度和信念进行充分理解。所以，我们应该快速看看这幅画面的背面。在分析“顺从型”时，我们发现患者将自己的攻击性强烈地压抑了下去。与表面上的过分关心对比鲜明的是，我们发现这些患者实际上对他人十分冷漠，或者常常蔑视他人，或者想要超越他人，或者无意识地想要对他人进行利用、控制和支配，或者想要获得报复性的胜利。当然，在类型和强度上受到压抑的内驱力各不相同，部分原因是他们在儿童时期遇到过不幸。比如，我们回顾某位患者的成长史时可以发现，他在5～8岁时还经常乱发脾气，后来慢慢变得乖巧懂事。不过，因为很多因素会随时成为敌对情绪的根源，所以成人后的经历也会助长攻击倾向的发展。倘若我们现在对这些问题进行深入讨论，就会离题太远，因此在这里只做简单的说明，依赖他人可能会使自己变得更加脆弱；自谦和“与人为善”也可能会使自己受到欺负和利用。所以，当患者对情感或赞美的需求得不到满足时，他反而会觉得被忽视、拒绝和羞辱了。

当这一切驱力、感觉、态度都被“压抑”时，我是按照弗洛伊德对“压抑”的理解来使用它的，他想说的是，患者不仅对压抑的存在毫无所觉，还强烈地希望永远也不要感受到它们的存在，唯恐向自己或他人露出半点儿压抑的迹象。因此，每一种压抑都将这样一个问题抛给了我们：患者为什么要把内心的某种驱力压抑下去？我们可以在顺从型的例子中找到好几种答案，但大部分答案得在我们对理想化意象和施虐倾向进行讨论后才能够被理解。此时，我们能够理解的一点是，敌意会对患者爱别人和被人爱的需求产生威胁。此外，他认为，所有攻击性行为乃至自主行为都是自私的，所以他会首先对这种行为进行谴责，并且觉得其他人也会谴责此种行为。因为他的自尊完全来自他人的肯定，所以他无法承担被谴责的风险。

压抑一切带有报复、肯定、野心的情感和冲动还能够产生别的作用，它是神经症患者解决冲突，制造完整、统一、整合的感觉的尝试之一。我们内心渴望人格统一的想法并不神秘，一方面，我们害怕人格分裂；另一方面，人格统一是我们正常生活所需，当我们被方向相反的驱力牵扯时是做不到这一点的。让一种倾向占据主导地位而压制其他倾向是神经症患者解决冲突的主要方法之一，也是整合人格的一种无意识尝试。

因此，我们明白了患者对所有攻击性冲动进行刻意压制的双重目的：不能威胁到他的生活方式，不能破坏他的虚假统一性。攻击倾向的破坏性越强，就越需要严格地加以控制。患者会尽量不将自己想要任何东西的欲望表现出来，他总是接受他人的请求，总是喜欢所有人，总是位居幕后等。也就是说，患者对他有条理地重建自己的思维和推理表示顺从、讨好，并把它们系统化。这当中有些只是凭感觉，有些是思考所得，但更多的是无意识的行为，他会想："对我来说，独自一人是一种折磨，不只是因为我对无人分享的东西不感兴趣，还因为我感到焦虑和绝望。我可以在星期六晚上独自读一本书或者看一场电影，但那样是很丢脸的，因为它会让我觉得谁也不想和我在一起，所以我必须安排妥当，绝不能在星期六晚上或其他时候一个人待着。不过如果我找到了我的爱人，我就不再是独自一人了，他会帮我远离这些折磨。现在看上去毫无意义的一切，无论是做早餐还是工作或者看日落等，都将充满无穷乐趣。"

他还会这样想："我不自信。我总是觉得在能力、魅力、天赋方面，别人比我更强。即便是我通过努力完成的工作也羞于示人，因为它不能让我感受到荣耀，可能我只是运气不错，我并不能确定如果再做一次自己是不是还可以完成。如果别人真的对我有所了解，他们肯定不会喜欢毫无优点的我。不过，如果我找到一个十分重视我并且喜欢真实的我的人，别人一定会对我刮目相看。"难怪爱如同海市蜃楼一般有着无穷的诱惑，也难怪人们会将它紧紧抓住，绝不放手，甚至会舍弃用一个艰苦的过程改变自己的内在。

在这样的情况下，除了生物性本能外，性交本身还具有另外一种价值，那就是可以证明自己是被需要的。顺从型患者表现得越冷漠（也就是不敢付出真情），或者越是对被爱不存希望，他的性行为取代爱情本身的可能就越大。在他看来，那是建立亲密关系的唯一方法，此外，他还会高估它解决矛盾的力量，如同他会高估爱情的力量一样。

如果可以小心地避免这两种极端——一种是将过分重视爱视为“神经症”，另一种是将它看成“完全自然的事”，我们就能够明白，顺从型患者对爱情的期待的源头就是他的生活哲学。我们经常——或许是必然——在神经症症状中看到，患者有意识或无意识的论证都是无懈可击的，只是这些论证的出发点都存在谬误——患者错误地将自己对情感的需求和与其相关的需求视为自己拥有爱的能力，而根本不去想他的攻击性甚至是破坏性倾向。也就是说，整个神经症冲突都被他忽略了。他想清除冲突的有害后果却一点儿都不想改变冲突本身。这一特点是每种试图消除冲突的尝试所特有的，也是这些尝试注定不会成功的原因。不过，我还是要对将爱情作为一种尝试的情况多说一句。倘若这些顺从型患者的运气足够好，找到了一位能够包容他们的内心强大的同伴，或者他的神经症恰好与那位同伴的互补，那么就可能会大大减轻他的痛苦，甚至会让他感到某种程度的幸福。不过大部分情况并非如此，他只会因自己想要在人间寻找天堂的期望变得更加不幸，他极有可能会在这段关系里带入自己的冲突，从而将它毁掉。就算这段关系有可能会缓解他的痛苦，但只要无法解决他的冲突，他的健康问题就会一直存在。

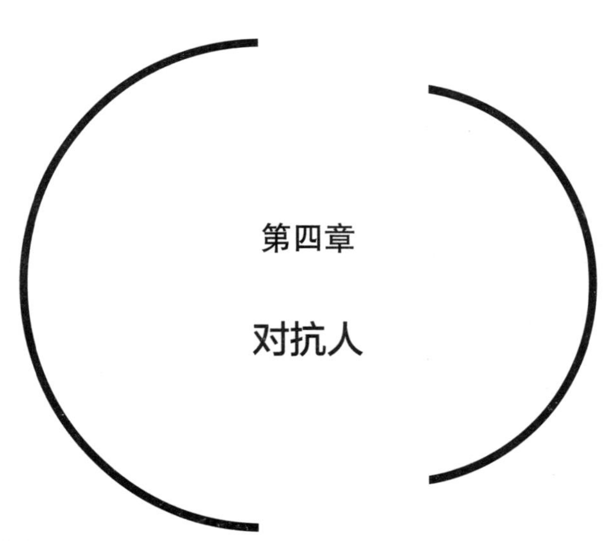

第四章

对抗人

在对基本冲突的第二个方面——“对抗人”的倾向进行讨论时，我们将会像之前一样，对攻击性倾向占主导地位的那种类型进行考察。

顺从型固执地认为人人皆善，但是又一次次被相反的事实打击；而攻击型理所当然地认为人人皆有敌意，并且坚信人就是像他们想的那样。对他而言，生活犹如一场搏斗，每个人想要的都只是自保，他只是不甘不愿地、有所保留地承认有少数例外。有时候，他会明确地表明自己的态度，但更多时候他会用公正不阿、彬彬有礼和友善的外表来掩饰自己的态度。这一“外表”是真情实感、虚伪和神经症倾向的混合物，可以用阴谋家的“权宜之计”来比喻它。这类神经症患者有一个愿望，那就是希望别人觉得他是个好人，这种愿望也许含有一定的真心实意，特别是当他明知自己在每个人心中都很重要的时候。这其中也许会有一些对情感和赞赏的神经症需求，而这种需求却为具有攻击性的目标服务。因为顺从型的价值观一直与社会或宗教认可的美德标准保持一致，所以他就不需要这种“外表”。

与顺从型患者的需求一样，攻击型患者的需求也具有强迫性。为了理解这一点，我们必须明白引起他们需求的源头同样是焦虑。必须强调这一点，因为恐惧在顺从型中表现得非常明显，但在攻击型中却从来没有被承认或者被表现出来。攻击型患者认为，每一件事都会，或者终究会，或者至少会变得困难。

他的需求的来源就是这种感受，即这个世界犹如一个角斗场，就像达尔文所说的那样，弱肉强食，适者生存。能不能生存下去主要还是由人们生活于其中的文化决定的，但无论如何，追求个人利益是至高无上的法则。所以，控制他人就成为他的基本需求，而且他的手段花样百出，也许会直接运用手中的权力，也许会通过对人关怀备至或让人觉得有义务而实现间接控制。也许他更想成为幕后操纵者，经过深思熟虑之后才采取行动，以完全控制所有的事情。之所以会采用这样的控制方式，一方面是因为他的先天禀赋，另一方面则是因为各种冲突倾向的融合。比如，一位有疏离倾向的攻击型患者，会回避直接控制他人的做法，因为这种方式会让他与他人的接触变得更密切；如果他心中有对得到别人的喜爱的渴望，他也会更愿意选择间接的控制方式；如果他想当幕后操纵者，为了利用他人来实现自己的目标，他就会表现出施虐倾向。

与此同时，他想获得名望、成功或者任何形式的认可，想高人一等。在某种程度上，为此做出的努力指向的是权力，因为在一个充满竞争的社会中，名望和成功都会带来权力。通过这些努力得到的高人一等的事实以及来自他人的肯定和赞赏，又让患者在主观上获得了一种力量。攻击型患者的重心和顺从型的一样，也是在自身之外，不过他想要得到的在类型上和顺从型的完全不一样。其实，攻击型也好，顺从型也罢，二者想要的肯定都是徒劳的。当人们不明白为什么获得了成功还会缺乏安全感时，这只能证明他们没用足够的心理学常识。他们存在这种困惑，就表明在一定程度上成功和名望被当成了判断标准。

攻击型的一部分还会强烈地想要利用他人、算计他人，让他人对自己有用。这种类型的患者在面对钱财、声誉、人际关系、创意等局面或者关系时，都会以“我从中能得到什么”作为自己的立场。他会有意识地或下意识地认为每个人都是这样的，比其他人做得更好才是最重要的。与顺从型相反，他严厉、态度强硬，或者给人的印象是这样的。他将一切情感（无论是他自己的还是他人的）都看成是“多愁善感”。对他来说，爱情也是无足轻重的。这并不表示他从没有“坠入爱河”，或者从未与异性发生关系或结婚，而是说他更关心的是找到一位可以激起他的欲望的满意的伴侣，而且通过这位伴侣的魅力、社会威望或者财富也会提高他的地位。他不懂为什么要体贴他人："为什么让我关心别人？还是他们自己关心自己吧。"对于那个古老的伦理学问题——如果一个竹筏上的两个人当中只有一个能活下来，这时应该怎么办，他的回答是，他当然会竭尽全力自保，否则就是愚蠢或者伪善的。他不承认自己会感到恐惧，因此会尽力控制这种情绪。比如，他或许会坚持骑马，直到他不再对马产生恐惧为止；为了克服对蛇的恐惧，他可能会故意从经常有蛇出没的沼泽地穿过；尽管他非常害怕晚上有窃贼闯入，但他还是可能会强迫自己待在一个空房间里。

与倾向于讨好的顺从型不同，攻击型竭尽全力想成为一名斗士。他机警而敏锐，在与别人发生争论时，会费尽心思争辩——只为告诉别人他是对的，特别是在他身处绝境、只能破釜沉舟时，才是他展现自己能力的时候。顺从型不敢取胜，相反，攻击型却输不起，他们一心只想着要赢；前者时刻准备自责，而后者时刻准备推卸责任。二者保持一致的地方是他们都没有过失感：顺从型会承认错误是因为受到讨好他人的愿望的驱使，而不是认为自己真的错了；同样，攻击型也不确信他人真的错了，他只是假设自己没错，因为他需要这种主观的自我肯定，如同一支军队需要一个用来发动攻击的安全阵地一样。对他来说，承认一个没有必要承认的错误是不可原谅的，因为这会暴露出自己的愚蠢和软弱。

他形成了一种敏锐的“现实主义”意识，这与他跟一个险恶的世界做斗争的态度是一致的。他没有“单纯”到无视他人可能阻碍他实现目标的表现，比如，别人的贪婪、野心、无知或者其他。因为与正直相比，这样一种个性在一个竞争性的文化中要更为常见，所以他便认为有理由这么做，他认为自己只是十分现实而已。其实，这种性格也是有缺陷的，和顺从型一样。他还非常重视谋略和远见，这是他的这种现实观的另外一面。作为一位优秀的战略家，他会随时对对手的实力、自己的胜算和可能遇到的陷阱进行评估。

因为他一直觉得自己是最精明、最强大或最受欢迎的人，所以为了证明事实的确如此，他总是很努力地发展能力和智谋。或许积极、投入地工作，会让他成为一位优秀的员工或者在事业上取得成功，不过，在某种意义上，这种对工作的乐此不疲可能只是一种假象，因为对他来说，工作只是一种达成目的的手段。他对他所从事的工作没有丝毫好感，也无法从中感受到乐趣，这种情况也符合他试图在生活中排斥情感这一现象。排斥情感的作用有两方面：一方面，这是为了获得成功而暂时采取的计谋，这样做可以让他不知疲倦地将能够给他带来更多权力和更大名望的“产品”制造出来，就像加满油的机器一样，而感情用事可能会造成麻烦，减少他获得成功的机会，可能会使他不好意思使用那些他在通向成功之路上常用的手段；可能会促使他将注意力从工作上转移到艺术或者自然上，或者转移到朋友身上，而不是只对那些他认为的有用的人进行关注。另一方面，对情感的回避肯定会造成内心情感的贫瘠，进而降低他的创造力，对他的工作质量产生影响。

攻击型看上去毫不压抑自己。他可以将他的愿望直接说出来，也可以直接表达愤怒、发号施令或进行自我防卫。但其实，与顺从型相比，他的压抑并不少。他特定的压抑并不会当即让我们感受到那是压抑，这一点不是我们的文化的问题。这些压抑在情感中渗透，对他在恋爱、交友、表达同情、表达情感、享乐时的能力产生影响，他甚至会认为无私的享乐就是在浪费时间。

他觉得自己内心强大、诚实和现实，如果我们在看待事物时使用他的方式的话，他并没有错。按照他的出发点，他对自己的评价非常符合逻辑，因为对他来说，内心强大的表现就是冷酷无情，诚实的表现就是不关心他人，现实的表现就是不顾一切地追求自己的目标。他能一针见血地拆穿别人的伪善——

这也是他自觉诚实的来源。在他看来，博爱的情操、热衷自己的事业等都是假的，揭露社会意识和宗教美德的真实面目也比较容易。他的价值观的基础是丛林哲学。他觉得强权就是真理，他会让慈悲和宽容远离自己，因为“人即他人之狼”。这样的价值观几乎与大家熟知的纳粹观念差别不大。

攻击型不仅对真正的支持和友好进行排斥，也倾向于排斥它们的仿制品，即顺从和讨好，它有自己的逻辑，不过我们不能根据这一点就判断他无法看出两者的不同之处。当他遇到一位有影响力的友好人士时，他能够表示敬意并主动结识，关键在于，他认为如果把事情看透只会让他的利益遭受损害。他觉得，在生存斗争中这两种态度都是障碍。

那么，他强烈地排斥温和的情感的原因是什么？为什么他在看到他人的情感行为时会觉得恶心呢？当有人不合时宜地表示同情时，他为什么会强烈鄙视呢？患者的行为就如同一个人只因为不忍看见乞丐的悲惨境遇就把他赶出门，当然，他可能确实会对乞丐口出恶言，他可能会用非常不合情理的理由拒绝乞丐最简单的要求，在他身上出现这种反应是很合理的，分析师在分析过程中也不难发现，特别是在攻击性倾向略有缓和的时候。其实，他对他人的“温和”的感觉是很复杂、很矛盾的，尽管他因此看不起他人，但他又对别人的“温和”心存欢喜，因为这样，他能够放心地去达成自己的目的。可是，就像顺从型常常被他吸引一样，他总能感受到顺从型对他的吸引的原因是什么呢？对于这种心理动力，尼采做出了很好的说明：他让他的超人①将各种形式的同情都视为“第五纵队”，即从内部捣鬼的叛徒。对攻击型患者而言，“温和”表示的不仅是真正的同情、喜爱以及类似的情感，还表示顺从型患者的情感、需求和行为准则中所包含的全部内容。拿乞丐的情况来说，攻击型患者的内心会有真正的同情，觉得应该帮助他，想要满足乞丐的要求，不过他还会感受到一个更强烈的信号，那就是将这些念头都放下。结果呢，他不仅没有帮助乞丐，还对他们口出恶言。

顺从型希望用爱来满足各种不同驱力的期望，而攻击型则希望用认可解决。被认可不仅能够让他得到他想要的自我肯定，对他还有特别的吸引力，即获取他人的好感，而且可以反过来让他对他人产生好感。看上去被认可能够解决他的冲突，因此它就成了他所追求的补救幻想。

在内在逻辑上，攻击型的挣扎与顺从型的情况基本一致，所以我在这里只做简短说明。对攻击型而言，任何为了表现出“友

---

① 尼采所宣称的“超人”概念是在他宣称“上帝死了，要对一切传统道德文化进行重估”的基础之上，用新的世界观、人生观构建新的价值体系的人。超人具有不同于传统的和流行的道德的一种全新的道德，是最能体现生命意志的人，是最具创造力的人，是生活中的强者。

善”而必需的义务、任何同情以及任何顺从的态度都会动摇他信念的根基，并与他自己建立起来的生活方式相矛盾。不光如此，出现这些对立倾向后，他还不得不面对自己的基本冲突，这会对他精心设计起来的局面——统一性造成破坏。最终，压抑温和倾向必然会增强攻击性倾向，并让它们的强迫性更加强烈。

如果明确地认识了已经讨论过的两种类型，我们就能够发现，实际上它们代表了两种极端：一方喜欢的为另一方所厌恶；一方紧握恐惧和无力感，另一方想要将它们舍弃；一方将每个人都视为朋友，另一方将每个人都视为潜在的敌人；一方不顾一切地避免对抗，另一方的天性就是对抗；一方的神经症导向仁爱理想，另一方却导向丛林哲学。不过从始至终，两者的形式都具有强迫性，这些他们无法自由选择且无法更改，并取决于内心需要。它们都没有中间地带。

我们已经对两种类型进行了讨论，并且做好了进行下一步的准备。我们知道了基本冲突涉及的内容，也已经明白了在两种不同类型中冲突的两个方面占绝对优势的趋势。我们现在要做的是对这样一个人进行描述，这两种对立的态度和价值观在他的身上势均力敌。显然，两种相反的驱力将会驱使他，使得他根本无法行动。他一定会设法将其中一种驱力消除，而这会让他落入另一种类型，这就是他试图解决冲突的一种方式。

用荣格的观点分析，这种情况就是片面的，发展得非常不充分，它最多可以算是一个形式上的正确论断。因为荣格的观点建立的基础是对驱力的误解，所以它的内涵就完全错了。荣格从片面的观点出发并指出，分析师在进行分析时要帮助患者接纳自己的对立面。我们会产生这样的疑问：那怎么可能呢？患者只能意识到对立面的存在，却无法接纳。如果荣格试图通过这一步骤对患者的人格进行整合，我们的回答是：这样做确实是患者最终的整合所需要的，但该步骤只对患者直面他总是回避的冲突有帮助。荣格并没有对神经症倾向的强迫性本质做出正确评估。“亲近人”和“对抗人”之间的区别，并不只有“弱”和“强”，也不是只有荣格所说的“女性气质”和“男性气质”。每个人都有顺从和攻击这两种潜在倾向。如果一个人没有受到强迫性内驱力的驱使，并且足够努力，它的人格就能够实现某种程度的整合。不过，倘若这两种倾向都已趋近于神经症，对我们的成长而言，它们就毫无益处了。两种相互冲突的东西加起来并不能构成一个和谐的整体，就像两件坏事加起来并不会变成一件好事一样。

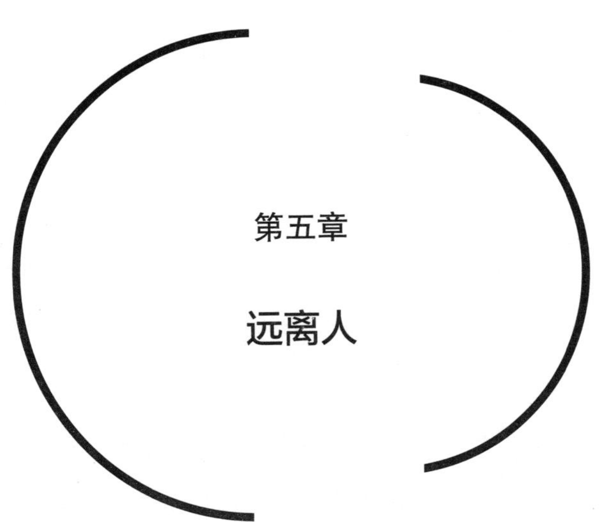

第五章

远离人

对疏离的需要，即“远离人”的需要是基本冲突的第三个方面。在对这种需要进行研究之前，我们必须明白神经症自我疏离的意思。很明显，它并不代表偶尔想要独处，每个对自己和生活态度认真的人都偶尔会有想要独处的意愿。我们的生活已经被社会文明填得满满当当，以至于我们并不是很明白这种要求，不过它对实现个人价值具有促进作用，这一点一直为历史上的各种哲学和宗教所强调。渴望有意义的独处绝非神经症的表现，与此相反，大多数神经症患者不能深入自己的内心，而神经症的一个标志就是不能进行有建设性的独处。只有当一个人在与他人交往时出现了难以忍受的紧张，而避免紧张的首要方式就是独处时，独处的愿望才能够成为神经症的表现。

严重离群的人有一些表现是非常明显和典型的，因此很多精神科医生倾向于把这些表现看作自我疏离型的特征，其中最明显的就是对人的普遍疏远。这一点也极大地引起了我们的注意，因为患者会特别强调这一点，但其实与其他神经症患者对人的疏远相比，他对人的疏远并没有表现得更加严重。比如，我们无法说出在前面已经讨论过的两种类型中，哪种类型对人更疏远，只能说在顺从型身上这种特征被隐藏起来了，因为他对亲近人的强烈需要使得他急于相信自己和他人之间没有任何隔阂，一旦患者意识到自己在疏远他人就会感到惊讶和恐惧。归根结底，与人疏远标志着人际关系的失调，所有神经症患者皆如此，疏远的程度是由失调的严重程度决定的，而不是由哪种神经症决定的。

对自身的疏远是另一个公认的疏离型所独有的特征，这种自我疏离（也就是对情感的麻木）难以认识自我，难以确定什么是自己所憎恨、喜爱、希望、向往、痛恨、恐惧的，实际上这也是所有神经症的通病。所有神经症患者，都像被遥控的飞机，肯定会与自己失联。自我疏离的人特别像海地传说中的僵尸——因巫术复活的尸体：他们没有生命，却能够像活人一样生活和工作。而其他类型的患者的情感生活则相对比较丰富。既然这些多样性是存在的，我们就不能觉得自我疏离是孤独型所特有的。离群的人有一个共性，那就是他们都能够带着一种客观的兴趣对自己的能力进行观察，如同人们对一件艺术品进行观察一样。也许，这才是对他们最好的描述：他们对自己就像对待生活那样，持有“旁观者”的态度。因此，他们通常可以对自己内心的冲突进行良好的观察。在这方面，他们常常表现出的对梦中意象的不可思议的理解力就是突出的例证。

最为重要的是他们内心的一种需要——与他人保持情感的距离。更确切地说，他们有意识和无意识地做出决定，在情感上不与他人发生任何形式的关联，不管是爱、合作、争斗，还是竞争，他们似乎在自己周围画了一个任何人都无法进入的魔法圈，这也是从表面看他们还是能够与人交往的原因。当他们划定的圈子被外部因素侵入时，他们就会变得十分焦虑，这就是其所需的强迫性特征。

他们一切的需要和习得的品质都直接服务于“不介入”这一主要目的，其中自给自足的需要是最显著的特征之一，人们对这种需要产生的最为明显的印象就是足智多谋。攻击型也足智多谋，但二者在精神气质方面是不一样的：对攻击型来说，要想在一个充满敌意的世界中奋力前进、在争斗中战胜他人，足智多谋就是先决条件；而这样的足智多谋在疏离型中则和鲁滨孙很像，也就是说，为了生存，他不得不足智多谋，这是他仅有的弥补孤立的方式。

有意识或者无意识地限制自己的需要是一种更不可靠的维

持自给自足的方式。要想对这种方式的动机进行更好的理解，我们就要牢记患者隐藏起来的原则，即与任何人或事物之间的关系都不会过于紧密，防止他或它变得不可或缺，因为那会对其离群的状态产生危害，而且，最好不要多管闲事。比如，一个自我疏离的人可能会感受到真正的快乐，不过如果只能依靠别人才能获得这种快乐，他宁可放弃；他可以时不时地和几个朋友一起度过一个愉快的夜晚，却对社交活动没有兴趣；他回避竞争、声望和成功；他常常对自己的饮食和生活习惯进行控制，并且保持一定的“度”，使自己既能负担得起又不必花费过多的时间和精力；因为生病会让他依赖别人，所以他可能会痛恨疾病，觉得它是一种耻辱；因为他只相信眼见为实，所以他会坚持学习和了解某些知识，而不是听信别人所说或者所写。当然，只要这种态度不发展到荒谬的程度（比如，拒绝在陌生的地方向别人问路等），对于他形成宝贵的、独立的个性还是有帮助的。

对隐私的需要是疏离型神经症的一个明显的需要。他就如同一个房门上一直挂着“请勿打扰”的牌子的房客，在他眼中，连书籍都是外来的入侵者；他总是想保持自己的神秘，所以任何对他的私生活的提问都会使他感到震惊。一位患者曾经跟我说，在他小的时候，他的妈妈曾告诉他上帝能够透过百叶窗看到他在咬手指头，所以在他45岁的时候，他依旧怨恨上帝的全能。即使是生活中最为琐碎的细节，这位患者也不愿意透露。

当一个自我疏离的人意识到自己并没有被别人特殊对待时，他或许会非常愤怒，因为他觉得别人忽视了他的“独特”。通常来说，他宁可一个人睡觉、工作和吃饭。与顺从型完全相反的是，他不愿与任何人分享自己的经验，因为害怕别人打扰他——即便是听音乐、散步或者和他人交谈，他也是在后来回味时才能真正地从中感受到快乐，而不是在当时。

自给自足和保守隐私都服务于他最至高无上的需要，即绝对独立。在他看来，他的独立是有正面意义的。当然，这种独立有一定的价值，因为无论缺点是什么，他都不可能是一个任人摆布的机器人；他超然于竞争之外，拒绝盲目跟风，这的确帮他树立起了正直的形象。可他错在为了独立而独立，并且没有重视这一事实，即独立的价值最终是由它能帮助自己做些什么决定的。他的独立在他的整个离群表现中只是一部分，这种离群的目的是不受到强迫和束缚，不被影响，也不承担任何义务，总之都是消极的。

疏离型对独立的需要与其他神经症倾向一样，都是强迫性的和不加选择的，具体表现为患者对所有与强迫、影响和义务等类似的东西都非常敏感，敏感的程度刚好是衡量自我疏离程度的一个标准。不同的患者对压迫有不同的感受，有些人感受到的也许是物理上的压迫，比如，衣领、腰带、领带、鞋子都会让人产生束缚感；任何对视线的阻挡都可能会让患者产生压迫感，比如，在矿井或者隧道里，他可能会觉得更加焦虑，即便这样的敏感无法完全解释患者的幽闭恐惧症，但它至少是诱发因素；患者尽量回避长期的义务，比如签订一份超过一年的租约或者合同，又或者决定婚姻大事，因为对自我疏离型来说，任何情况下，婚姻都是一个危险的举动，那样肯定会把他带进与别人的亲密关系中，所以在结婚之前患者往往会感到恐慌；但因为患者需要被保护，或者他相信伴侣能够彻底适应自己的怪癖，这样或许会使婚姻的风险降低。时间的无情流逝会让患者产生一种压迫感，为了保持一种自由的幻觉，他可能会采取每天上班迟到五分钟的办法；他还会受到火车时刻表之类的东西的威胁。自我疏离型想象着一个人想什么时候去火车站就什么时候去，他拒绝看时刻表，错过了宁可等下一班火车。如果别人期望他做某件事情或者按照某种方式做事，也不管这种期望是别人实际表达出来的或者只是他自己假定的，都会使他感到特别不自在，并且产生反抗心理。比如，他平时可能很喜欢给别人送礼物，但是或许会忘记圣诞礼物或者生日礼物，因为别人在这些时候正满怀期待。他不喜欢遵从传统的价值观和约定俗成的行为准则。他表面上可能会遵从，以免发生摩擦，但在心底却摒弃一切准则和标准。最后，对他来说，他人给他的建议也是一种控制，所以即使这个建议正合他意，他也会尽力抵制。此时的抵制也可能与有意识或无意识的愿望——挫败他人——有关。

虽然对优越感的需要是各种神经症共有的特征，但因为它与离群有着内在的关联，所以在自我疏离这种类型中得到了强调。比如，我们通常所说的“独善其身”和“象牙塔”等词语就明确地证实了这一点。人们甚至觉得，离群一直和优越联系在一起。或许谁都无法忍受独处，除非有着特别强大和丰富的内心，或者认为自己是非常重要的人。临床经验已经证实了这一点。当自我疏离型的优越感暂时被粉碎时（不管是由于现实的失败，还是内心冲突越发严重），他都不能忍受独处，而且会不惜一切代价寻求喜爱和保护。在他的人生历程中会常常出现这种波动，在他十多岁或者二十多岁时，可能遇到过一些不冷不热的友谊，但从整体上说，他的生活非常孤立，而且很自由。他常常会编织未来的故事，梦想在将来做出一番事业，但后来现实狠狠地击碎了这些梦想。尽管读高中时，他的成绩在班上名列前茅，但在读大学时遇到了激烈的竞争，然后他就知难而退了。他的初恋也失败了，而且随着年龄越来越大，他慢慢意识到自己难以实现曾经的梦想，所以变得难以忍受孤独离群。在强迫性内驱力的驱使下，他开始渴求恋爱，渴求结婚，渴求亲密关系。只要有人爱他，就算让他受屈也甘愿。当这样一个患者要求进行分析治疗时，虽然他的孤立表现得十分明显，却依旧难以接受医生的治疗，他提出的要求只是请医生帮助他把某种形式的爱找出来。只有在觉得自己足够强大时，他才会如释重负地意识到，他更愿意并且喜欢“一个人生活”。人们觉得他旧病复发，又回到了自我疏离的状态，但其实现在的情况是，他第一次有足够的理由向外界乃至自己承认，孤独就是他想要的。这就是医生治好这种自我疏离的恰当时机。

对于优越感的需要，自我疏离者有某些特定的性质。他并不想通过不懈的努力来超越他人，因为他讨厌跟他人较劲，相反，他觉得自己不需要付出任何努力，别人就应该认可他的内在美；不用他刻意表现，别人就应该感觉得到他潜在的优点。比如，他可能会在梦中梦到一个小村落里藏着大量财宝，懂行的人不远千里去到那里，只为一睹其风采。和一切优越观念相同，这里面也有真实的成分：隐藏的财宝是他的理智和情感生活的象征，它们被他保护在他画的“魔法圈”中。

他表达优越感的另一种方式就是他与他人保持距离的直接产物，即他自认为的独一无二。他可能会用一棵高居山顶的大树来比喻自己，其他人则是丛林中的树木，由于互相干扰而使生长受到了影响。如果在遇到同伴时顺从型会默默地想“他喜不喜欢我？”攻击型则想知道“这个对手是不是很强大？”或者“他对我有用吗？”而“他会给我带来干扰吗？他想影响我，还是会让我独自待着？”才是自我疏离型最为关心的。易卜生同名戏剧中的主人公培尔·金特与纽扣铸造机偶遇的故事，就用象征手法将自我疏离者被卷入人群时所感到的恐惧完美地表现了出来。“地狱”中最好的那间房子是属于他的，但如果被抛进一个熔炉，被铸成型或者改变成其他型号，都会让他感到恐惧。他认为自己就像一块设计独特的稀有的东方地毯，有着独一无二的图案和颜色组合，永远不会发生改变。他骄傲极了，因为他没有在环境的影响下发生改变，而且他决定继续这样做。出于对不变的珍惜，他尊崇所有神经症固有的刻板，并将其视为神圣且不可动摇的原则，他依旧愿意去编织自己的图案，让它变得更加纯粹和鲜明，并拒绝让任何外来的东西掺和进去。培尔·金特的一句格言既简单又有些荒谬，那就是“做自己就行了”。

与其他类型的人不同，自我疏离者的情感生活并没有一个固有模式，患者个体之间的差别也更大，这是因为其他两种类型有着积极的目标——顺从型的目标是喜爱、亲密关系和爱，攻击型的目标是生存、控制和成功，而自我疏离型则有着消极的目标——他不想被卷入其中，不想别人掺和进来，不想他人干涉或影响他。因此，他的情感有赖于生存在这种否定性框架下并发展成为某种特殊的欲望，而只有在这种情况下，才能够形成这种自我疏离型共有的少量倾向。

总体上来看，自我疏离型倾向于压抑一切情感，甚至不承认情感的存在。在此，我想引用诗人安娜·玛利亚·阿尔米未发表过的一个小说片段，因为它不仅简洁地表达了这一倾向，还将自我疏离者的其他典型态度也表达了出来。在回忆自己的青年时代时，主人公说："我能够感受到一种强烈的生理关系（如同我和我父亲的血统关系）和一种强烈的精神联系（如同我和我所崇拜的英雄的精神关系），不过我不懂这里面有什么情感，情感根本就不存在。如同为了很多事而撒谎一样，人们总是说撒谎有情感。被吓坏了的B女士问我，'那你如何解释自我牺牲呢？'我对她这句话的正确性感到惊讶，之后我得出了下面的结论。自我牺牲也是一个谎言，若它并非谎言，也只不过是一种生理或精神行为。那时，我的梦想是独身生活，永不结婚，希望自己能够变得强大和平静。我想自己奋斗，想要更加自由，为了活得越来越明白而不再做梦。我觉得道德没有什么意义，只要你活得真实，善良与邪恶是一样的，寻求同情或者试图得到帮助才是罪恶。对我而言，灵魂就像一座需要守卫的神庙，只有祭司和护卫才懂得里面总是进行着的各种奇特的仪式。”

对情感的排斥主要适用于对待他人的情感，无论是爱还是恨，这是试图与他人保持情感距离的必然结果，因为有意识地感受到的强烈爱恨会让人与他人的关系越发亲密或者与他人产生矛盾，这可能就是沙利文所说的“距离机制”。当然，这并不表示在人际关系之外被压抑的情感会在别的领域，比如，动物、书籍、艺术、大自然、食物等处变得活跃，但这种情况的确有可能会发生。对于一个有着丰富情感的人而言，不大可能只压抑一部分感情，更何况还是最重要的感情，除非所有的感情都受到压抑。尽管这只是一种推测，但是下面要说的却是事实。在创作作品时，自我疏离型的艺术家不仅可以产生深刻的感受，还能将其表达出来，不过，就像上文引用过的那段文章表明的那样，他们在青少年时期都曾经历过感情麻木或者坚决排斥情感的阶段。当试图与人建立亲密关系的尝试惨遭失败后，这些艺术家都有意或无意地过上一种离群索居的生活，换句话说，当他们有意或者无意地任由自己过上独立的生活，或者决定与他人保持一定的距离时，他们才算进入了创作期。现在，他们可以在与他人保持一段安全距离的情况下，将许多与人际关系无直接联系的情感宣泄和表达出来。这就说明，对后来实现自我疏离而言，他们在早期对情感的排斥是必要的。

早在我们讨论自给自足的时候就已经谈及了人际关系之外的情感压抑的另一个原因，那就是自我疏离者会将一切有可能使他产生依赖的兴趣、欲望或者快乐视为对自己的背叛，所以才会压抑这一情感。在他们的眼中，在允许充分将感情流露出来之前，需要小心地对周围的情况进行分析，以免可能因此而丧失自由，同时一切对独立的威胁都会使他退缩。不过，当他发现周围的情况没有对他的自由产生影响时，他就会完全乐在其中。在这些情况下可能产生的深刻的情感体验在梭罗的《瓦尔登湖》中得到了很好的说明。患者害怕自己在某种快乐中沉溺，害怕这种快乐会让他失去自由，因此他有时几乎变成了一位苦行僧。但这种禁欲主义比较特殊，其目的并非自我否定或自我折磨，或许我们称之为自律会更好。倘若我们接受它的理论前提，那么它还是明智的。

对于保持心理平衡来说，自己有一些自发的情绪体验是很重要的。比如，创造力或许是某种救赎，倘若它因被压抑而无法表现，然后经由分析治疗或其他方式被解放了出来，就会对患者大有裨益，甚至会奇迹般地将患者治愈。不过，要慎重地评估这种方法的治疗效果。首先，将疗效普遍化是不对的，因为对自我疏离型患者来说，这种方法意味着救赎，但对其他类型不一定适用，而且对患者本人而言，也不能称为严格意义上的“治愈”，因为并没有彻底改变神经症的基础。它仅仅是让患者过上了一种失调程度更轻、更满意的生活。

越是压抑情感，患者就越有可能强调理智的重要性，他会指望通过理智思维的力量来解决所有的事情，就像只要知道自己的问题在哪，就能够解决它们一样，或者就像仅凭推理就能把世界上所有的麻烦都解决掉一样。

在将自我疏离者的人际关系存在的这些情况说完以后，有一点已经十分明显了，那就是他的独处必然会受到所有亲密和长期的关系的危害，因此可能会产生很糟糕的后果，除非他的同伴自愿尊重他对保持距离的需要，也像他一样喜欢独处，或者出于某种原因他的同伴能够并且愿意适应他的需要。索尔维格就是这样一位理想的伴侣，她忠贞不渝地等着培尔·金特回心转意。索尔维格对培尔·金特不抱任何期望，因为她对他的期待不仅会把他吓到，还会让他控制不了自己的情感。大部分时候，培尔·金特自认为已经将对他来说无比珍贵的、从未表达和从未体验过的情感给了索尔维格，但他并不知道自己的付出有多么少。对培尔·金特而言，只要能保证情感距离，他可能会保持某种程度的持久忠诚；他或许能够与他人进行短暂的交往——这些关系是不能触碰的，很多因素都可能会使他退缩。对他来说，两性关系在人际关系中是非常重要的，他也可以乐在其中，只要这种关系不是长久的，并且不会对他的生活造成干扰。而且，就像把这种关系关在专门的房间中一样，它们必须受到严格的限制。另外，他或许会对这种关系十分冷漠，任何异性都不能做出任何越界的举动。所以这时，真实的关系就会被他用想象出来的关系所取代。

在分析过程中我们所描述的所有特征都会出现。自我疏离者天生就不喜欢分析，因为他认为那极大地侵犯了他的私生活。不过，他也可能有兴趣对自己进行一番观察，并且也许会对此着迷，分析师的分析使他的视野变得更加开阔，因为他通过这些分析看到了自己内心的复杂斗争，所以他的期待也变得更多了。他也许会对自己做的梦的生动性产生兴趣，或者对自己的自由联想才能着迷。他在假设找到证据时的快乐就和科学家找到研究证据时没什么区别。他对分析师给予他的关注和帮助表示感谢，但是倘若分析师催促或者“强迫”他向他无法预见的方向走去，就会让他产生反感。他总是担心分析中的建议会给他带来危险，但相比其他两种类型的人来说，对他这种类型的人产生的危险要小多了，因为他早已全副武装地准备好了怎样防范这些“影响”。他在证实分析师的建议是否正确时，采用的不是理性的方式，而是不直接反对的礼貌方式，盲目地将一切与他对自己和生活的看法不一致的建议都拒绝了。他特别厌恶分析师妄图改变自己的想法，无论是什么方式。他当然想要摆脱困扰他的东西，但不能为此使自己的性格发生改变。他喜欢不断地对自己进行观察，却又无意识地坚决不改。他对外界影响的所有抗拒仅仅是对他态度的一种解释而已，而且这种解释还不是最透彻的，我们在后面将进行另外的解释。他在自己与分析师之间自然而然地划出了很长的距离。在很长一段时间里，对他而言，分析师只是一个外在的声音，他和分析师的关系也许会像这样在他的梦里出现：在相距甚远的不同国家，有两名记者在互相打长途电话。乍一看，这个梦表示的好像是他对分析师及其工作的疏远感，但这只是一种在意识中清楚地展现出来的态度。梦不仅仅是对现有感受的描述，还是寻求解决冲突的尝试，因此这种梦有着更深层的意义，它表达了患者不想靠近分析师及其工作的愿望，即不想沾上这种分析。

在分析中和分析外都能观察到的最后一个特征是，自我疏离者在受到攻击时，会不顾一切地捍卫自己的独立。可能每一种神经症都有这个特点，但自我疏离者的抗争会显得尤为顽强，如同生死搏斗一般，他们会竭尽全力想方设法来抗争。其实在患者受到攻击之前，这种抗争就已经以一种带有破坏性的方式无声无息地开始了，远离分析师只是其中的一种表现。倘若分析师想让患者相信他们之间存在某种关系，或者患者心中存在某种冲突，那么患者的抗争便会显得更巧妙和委婉，他最多会跟分析师说一些理性的想法。倘若患者无意识地产生了一种情绪反应，他也不会继续任其发展。总而言之，患者往往会对人际关系分析保持顽固的抵触情绪。

一般来说，患者与他人的关系都是暧昧不清的，分析师总是无法准确地对其整体情况进行了解。患者的这种不情愿是可以理解的，他与他人一直保持着一段安全的距离，所以他会因讨论与之相关的话题而感到烦躁不安。不停地追问只会让他对分析师的动机产生怀疑——这个分析师是想让我变得合群吗？对此他是不屑一顾的。如果分析师在分析后成功地让他知道了离群的弊端，患者会变得易怒和恐慌，这时他也许会考虑放弃分析。甚至于患者在分析之外的反应会更为激烈。如果威胁到他们的孤傲和独立，原本温和且理智的人也可能会愤怒，甚至对分析师口出恶言。

一想到加入职业团体或者参加活动，或者别人需要他参与而不是只交会费，患者就会感到恐慌。如果真的身陷其中，他们可能会想方设法来解救自己。他们甚至比生命受到威胁的人更会寻找逃跑的办法。如同一位患者曾经说过的，如果必须让他在爱情和独立之间做出选择，他会坚定地选择后者。这又引出了另外一个自我疏离型的特点，那就是为了捍卫其独立，他们不仅愿意用尽所有可能的方式，还愿意为此牺牲一切。他可以彻底放弃外在利益和内心价值，换句话说，他有意识地放弃了所有可能妨碍其独立的欲望，自动地、无意识地压抑了欲望。

任何受到如此强烈捍卫的东西的主观价值肯定都是无与伦比的。只有对这一点有所了解，我们才有可能理解疏离的功能，并为患者提供治疗。就像我们看到的，对他人的每一种基本态度都有积极的价值：为了给自己营造出一种与外界友好的关系，患者采取了“亲近人”的态度；为了让自己能够在充满竞争的社会中生存，患者采取了“对抗人”的态度；为了获得某种程度上的尊严和安宁，患者采取了“远离人”的态度。其实，对人的发展而言，这三种态度不仅值得拥有，而且不可或缺。只有当它们在神经症中出现时，才会变得僵化、强迫、盲目和相互排斥。这就在很大程度上使它们原有的价值遭受了贬损，但并未使它们显得一文不值。

自我疏离的好处很多。在所有的东方哲学中，人们都不懈地追求孤独，并将它视为达到精神至高境界所必需的基础。当然，我们不能把这种愿望与神经症的自我疏离混为一谈。前者的“孤独”被认为是自我实现的最佳途径，并且是人们自愿选择的，如果选择了孤独的人愿意的话，也许会过上一种不一样的生活；而后者，也就是神经症的自我疏离是内心的一种强迫，是患者仅有的生活方式，而不是自由选择，不过患者依然能够从中获得一些好处，尽管好处的大小是由整个神经症的严重程度决定的。虽然神经症的破坏性力量十分强大，自我疏离型依然会保持一定的诚信，在一个人际关系普遍友好的诚实社会中，这一点或许不值一提，但是在一个充满嫉妒、伪善、贪婪和残忍的社会中，一个不够强大的人很容易因为诚信而受伤，所以对于维护自己的尊严来说，与别人保持一定的距离是有帮助的。其次，由于神经症往往会使一个人内心不再宁静，自我疏离或许能够提供一种获得安宁的方法——做出的牺牲越大，得到的安宁也越大。再次，倘若患者在他的“魔法圈”内并未将自己的情感生活彻底抛弃，那么自我疏离还可以让他拥有某种独特的创造性思维和情感。最后，倘若患者拥有一定的创造力，这些因素加上相对来说不那么严重的神经错乱和他对这个世界的态度，都会对他表现出自己独特的创造力有所帮助。我并不是说创造力的必要前提是神经症疏离，而是说神经症状态下的自我疏离能够为患者提供展示潜在创造力的良机。

尽管自我疏离的好处有很多，但是它们并非患者竭力捍卫独立的主要原因。其实，就算这些好处出于某种原因很少被随之而来的烦恼掩盖，患者还是会竭尽所能地捍卫它。这一观察把我们引向了问题的更深层次：倘若强迫自我疏离者与他人发生密切接触，他的精神很有可能会土崩瓦解，用通俗的术语来讲就是神经崩溃。我之所以运用这一术语，是因为它对多种精神病态进行了概括，比如，酗酒、自杀、功能障碍、工作能力丧失、抑郁、精神错乱等。

患者自己（有时还包括精神分析师）容易把恰好在“神经崩溃”之前发生的某一事件视为“崩溃”的诱因。比如，在大学里不受欢迎，无缘无故地受到歧视，妻子的吵闹，丈夫拈花惹草还对妻子撒谎，之前一直受到家人庇护而现在却要自力更生……这一切都可能被看成是诱因。当然，因为这些都可能是诱因，所以分析师应该认真对待它们，尽可能地理解并找出引发患者某种疾病的诱因到底是什么。但只这样做是不够的，因为还有问题没有得到回答：患者受到如此强烈影响的原因是什么？这件事看上去只是普通的挫折和失败，可他的整个心理平衡为什么却被其打破了？也就是说，分析师只知道患者对某种困难做出了反应是远远不够的，他还必须弄明白这么小的困难导致这么严重的后果的原因。

为了回答这个问题，我们可以指出这一事实，即自我疏离与别的神经症倾向一样，只要患者能感到安全，它就能发挥作用，相反，当自我疏离不能发挥作用时，患者就会感到焦虑。当患者可以和他人保持一定的距离时，他会比较有安全感；不管出于什么原因，一旦有人入侵了他的“魔法圈”，他就会感觉受到了威胁。因此我们就可以理解，自我疏离型患者在无法维护自己与他人之间的情感距离时为什么会感到恐慌了。我们应该补充一句：他之所以会感到恐慌，是因为他没有足够的应对生活的技能，他只能保持冷漠并且避开人群。这又一次证明，让这一倾向与别的神经症倾向区分开来的正是疏离的消极性质。更确切地说，自我疏离型在面对困难时，既不会抗争也不会妥协；既不提出条件也不合作；既不多情也不无情。他犹如一只困兽，除了逃跑和躲藏之外，别无应对之法。与此类似的画面在患者的联想或者梦中可能出现过：他如同俾格米人①一样，只要身在森林里，就会所向披靡，可一旦走出森林就会不堪一击。他又像一座只被一堵墙保护着的中世纪的城镇，如果敌人攻破了这堵墙，城镇也就无法再防御了。这样的状态充分解释了他总会对生活感到焦虑的原因，也帮助我们懂得了这样一个道理：他死死抓住离群不放，将其视为一种全面的自我防御方式，并

① 俾格米人泛指男性平均身高不足5英尺的民族，这一名称源于古希腊人对于非洲中部矮人的称法。生活于非洲中部森林地区的尼格利罗人是最著名的，被称为非洲的“袖珍民族”。

且不顾一切地去捍卫它。所有类型的神经症倾向从本质上来说都是防御方式，除了疏离倾向以外，其他倾向是患者在应对生活时以积极的方式做出的努力。可是，当占主导地位的倾向变成孤独离群时，患者在应付生活时就会显得十分无助，乃至到了最后，疏离却成了一种最重要的防御方式。

其实，对患者这么不顾一切地捍卫独立还有一个更深层次的解释。通常来说，对自我疏离的威胁和对攻破围墙的担心，都不只是暂时的恐慌，还可能导致一种人格分裂，其表现就是精神错乱。如果自我疏离的状态在分析过程中被打破，患者不仅会觉得不安，还会直接或者间接地表现出恐惧。比如，患者对人群产生惧意，这会让他因自身独特性的丧失而感到害怕。因为他完全没有抵抗能力，所以还会产生一种在具有攻击性的人的强迫和控制之下被暴露的恐惧。他还害怕精神失常，而且这种精神失常的可能性非常大，他需要坚信这种情况不会发生。这种失常并不是因为不想负责任而引起的反应，也不是发疯，它是一种对人格分裂的恐惧，在梦中和联想中都十分常见。这就表示，要想让他放弃他的自我疏离就必须让他直面他的冲突；这个打击是他无法承受的，他会像一棵被闪电击中的树一样失去活力——在我的一位患者的想象中曾出现过这种情况。观察已经证实了这一假设。有极端疏离倾向的人难以克服对内在冲突的厌恶感。他们会对分析师说，他们根本不明白分析师说的冲突是什么。而每当他们在分析师的帮助下成功地了解了内心的冲突，他们就会巧妙地、不知不觉地避开这一话题。倘若他们还没有做好承认冲突的思想准备，却突然让他们发现了冲突的存在，他们就会觉得十分恐慌。当他们在更安全的基础上慢慢地认识到冲突时，他们表现出的疏离倾向就会更明显。

于是，我们就得出了一个乍一看会让人感到困惑的结论：自我疏离本来就是基本冲突的一部分，也是患者用来对付冲突并进行自我保护的方法。不过，如果我们对此进行更具体的研究，这个难题就会自行解开：自我疏离是用来应付基本冲突并进行自我保护的更为积极的方法。我们在这里必须重申，基本态度中有一种占主导地位，但它不会对其他态度的存在及其作用的发挥产生妨碍。在疏离型人格中，我们可以看到各方力量轮番上演，甚至与已经描述过的其他两种类型相比，在这里看到的要清晰得多。首先，在患者的成长过程中这几种矛盾都是常见的。这种类型的患者在明确表现出疏离倾向之前，一般会经历顺从、依赖以及好斗的反抗时期。与其他两种类型的价值观形成鲜明对比的是疏离型的价值观充满矛盾。他会高度评价自认为是自由和独立的东西。他可能会在某个时刻表达出对同情、善良、自我牺牲、慷慨等品质的极度欣赏，而在其他时刻又会喜欢推崇利己主义的丛林哲学。他也许会对这些矛盾心生困惑，但他总是用理智对它们的冲突特质加以否认。倘若没有把控整个结构的全局视角，分析师很容易对此心生困惑，他可能会不停地试着沿某个方向走下去，但走不了多久就会遇到困难，因为患者总是会把“自我疏离”当成救兵搬出来，将分析师的所有通道都挡住，就如同关上了船的水密舱壁。

一个完美而简单的逻辑就暗藏在自我疏离患者的这种特殊“抵抗”中，那就是他不想与分析师发生联系，或者不想去认识自我。他根本就不想对他的人际关系进行分析，也不想直面自己的冲突。倘若理解了他的出发点，我们就会知道，他对冲突分析毫无兴趣。他的出发点是，只要自己与他人之间保持安全的距离，就不用理会与他们的关系，也不用因这些关系中的失调而感到不安。他坚信，不用理睬分析师指出的冲突，不然的话就是在自寻烦恼，也不必进行任何改变，因为无论如何，他都不会从自我疏离中挪开半步。就像我们之前说的那样，从逻辑上看，这种无意识的推理是对的，至少在某种程度上确实如此。他无视并且总是不愿承认的，是他无法在真空中成长和发展这一事实。

因此，让主要冲突无法发挥作用就是神经症自我疏离的首要功能，它是患者对付冲突的最为有效也是最为激进的防御方式。自我疏离作为创造出虚假和谐的神经症方式之一，想要通过逃避来解决冲突。但这并非真正的解决，因为患者依然存在对控制、亲密、利己等的强迫性需要，而且即使这些强迫性需要不会对他们的思维造成障碍，也会一直困扰他们。最后，只要依然存在相互矛盾的价值观，患者就永远无法获得内心真正的平静和自由。

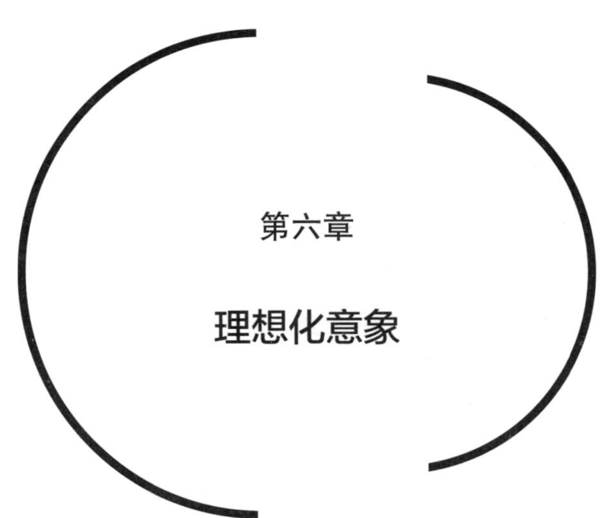

第六章

理想化意象

在对神经症患者对他人的基本态度进行讨论后，我们知道了他们尝试解决冲突的两种方法，或者更确切地说是对付冲突的两种方法，一种是使人格中的某一方面受到压抑而凸显它的对立面，另一种是为了让冲突不能发生作用而使自己与别人保持一定的距离。这两种方法都能够让患者产生统一感，使他们可以发挥其功能，哪怕这会让他们付出沉重的代价。

在这里，我们还要做出一种尝试，就是将神经症患者所相信的一种意象创造出来，或者创造出在那时他认为自己可以是或者应该是的一种意象。不管是有意识的，还是无意识的，通常来说，这一意象与事实差得很远，哪怕它实实在在地对患者的生活产生了影响。更为重要的是，它总是会投其所好，如同《纽约客》上的一幅漫画所描绘的那样，一个身材壮硕的中年妇女通过镜子看到的自己是一个身材苗条的年轻女孩。这种意象的特点有很多，具体由人格结构决定。在这种意象中，有的人突出的是美貌，有的是智慧、权力、慈爱、天分、诚实，或者任何患者所希望的东西。唯一不变的是，这种意象与实际不符，它往往会让患者显得傲慢。尽管“傲慢”一词常常被视为“目空一切”的同义词，但它的真实含义却是将自己潜在具有，但事实上并没有表现出来的品质或并不具有的品质据为己有。这种意象越虚幻，患者就越脆弱，对别人的肯定和承认的需要就越迫切。我们并不需要别人来证实那些自己确信拥有的品质，但是倘若别人质疑我们自认为有而实际上并没有的品质时，我们就会非常敏感。

我们可以在精神错乱患者的自大妄想中明显地看到这种理想化意象，它在精神错乱患者身上的表现与在神经症患者身上的表现基本上是一样的，尽管少了一些幻想的成分，可神经症患者一样认为它是真实的。倘若我们把这种理想化意象与现实脱节的程度当成分辨精神错乱症和神经症的标志，那么我们就可以把这种理想化意象视为神经症与些许精神错乱成分的混合物。

理想化意象从本质上来说是一种无意识现象。尽管就算是没有经过训练的观察者都能明显看出神经症患者的傲慢，但是患者对于他正在将自己理想化却并不知情，他也不明白这种理想化意象中存在多少种怪异的性格。他或许会隐约知道他对自己的要求太高了，但是，他误以为这种对完美主义的追求就是真实的理想，因此他也就不会对其正确性提出质疑，而是以其为傲。

每位患者所创造的理想化意象对其态度都会产生不同的影响，这在很大程度上是由他的兴趣焦点决定的。如果让自己坚信他就是自己的那种理想化的形象是神经症患者的兴趣所在，那么他会更加相信自己其实是一位才子、一个完美的人，就连每个不足之处都是神圣的。倘若患者认清了现实中的自己，这个真实的自我与理想化意象相比，就会显得卑劣，那么患者就会贬损自己，和理想化意象一样，这种由于自我轻视所产生的自我形象也是不切实际的，因此我们可以称其为被鄙视意象。最后，倘若患者注意到了实际自我和理想化意象之间的差距，那么为了弥补差距和鞭策自己变得更加完美他会做出不懈的努力。他会一直重复“应该”这个词，他不断地跟我们说他本来应该产生怎样的感受、本来应该有怎样的想法、本来应该怎样做。他就像一个自恋者那样，相信自己从出生以来就是完美的，并且通过这一信念表现出来：只要他更严格、更警觉、更自律地要求自己，考虑得更全面，就能变得更完美。

理想化意象的特点与真正的理想不同，它是静止的，是一个受到人们膜拜的僵化观念，而不是人们可以通过努力实现的目标。理想具有能动性，它可以将人们的动力唤醒，是促进人们成长和发展不可或缺的重要力量。而理想化意象却会妨碍成长。真正的理想会让人变得谦虚，而理想化意象则会让人越发高傲。

不管人们怎样界定理想化意象，很久以前它就被人们认识了，各个时代都有提及它的哲学著作。它被弗洛伊德引入了神经症的理论，还拥有了很多名字，比如自恋、自我理想和超我。阿德勒心理学的核心论点也是由它构成的，阿德勒还将它称为“为获得优越感而进行的努力”。要想将这些观点和我的观点之间的异同详细地指出来，将会使我们离题太远。简单来说，这些理论都没有全面观察这个现象，而只注意到了理想化意象的某一方面。因此，尽管弗洛伊德、阿德勒和其他许多科学家——比如保罗·费登、弗朗茨·亚历山大、欧内斯特·琼斯、伯纳德·格鲁克都做出过详细的描述和论证，可是并没有认识到这一现象的重要性和它的功能。那么，它的功能到底是什么呢？很明显，它使人们的基本需要得到了满足。无论科学家们从理论上怎样解释这一现象，在这一点上他们的观点却是一致的，那就是他们都觉得这种现象是神经症牢不可破的堡垒。比如，在弗洛伊德看来，分析面对的最大的障碍之一就是根深蒂固的“自恋”态度。

理想化意象取代了基于现实的自信和自豪，这是它的第一个功能，也是最基本的功能。一个难以摆脱神经症的人，由于他所遭受的经历具有破坏性，他几乎没有机会从人生开始时就充满自信。即便他有一点儿自信，也已经在神经症的发展过程中被慢慢削弱了，因为自信赖以存在的条件常常被毁掉，而这些条件很难在短期内形成。最重要的因素是能够发挥效用的、活跃的情感能量，是自己确立的真正目标可以不断地发展，是在生活中积极、主动地发挥自己作用的能力。无论神经症怎样发展，想毁掉这些因素都很容易。神经症倾向会将患者的决策能力削弱，因为患者是在驱使下做出决定的，而不是自己主动做出的。因对他人的依赖，患者决定自己道路的能力被不断削弱，无论这种依赖采取哪种形式，比如，盲目地想要远离他人、盲目地反抗、盲目地想要出人头地等都是依赖的不同形式。另外，由于大量的情感被患者压抑住了，所以它们不能再发挥作用。这些因素使他几乎无法达成自己的目标。还有一点是最重要的，基本冲突导致了他自身的分裂。由于患者没有了自己的根基，所以他只能对自己的重要性和力量进行无限的夸大。这就对患者相信自己无所不能的信念为什么会成为理想化意象不可或缺的组成部分做出了解释。

理想化意象的第二个功能与上一个功能关系密切。在“真空”中，神经症患者并不会感到脆弱，但在这个处处有敌人的世界里，他会深感无力，他害怕别人羞辱他、欺骗他、奴役他和战胜他，因此他必须不断地在他自己和他人之间进行比较，这样做是为现实所逼，而不是出于虚荣或者幻想。由于他从心底里认为自己脆弱和可鄙——这一点我们将在后面讨论——他必须寻找一些让他自我感觉更好的有价值的东西。无论是觉得更加友好或者更加愤世嫉俗，更加高雅还是更加残忍，他都必须让自己在某些方面产生优越感，但想要超越别人的倾向并不包括在内。在大部分情况下，这一需求涵盖了一种想要比他人更好的成分，因为不管是哪一种结构的神经症，患者总是认为自己很脆弱，总是很容易感觉别人轻视或者羞辱了自己。患者需要一种报复性的胜利以消除这样的脆弱感，这种需要可能主要在神经症患者的思维中存在并发挥作用，它或许是有意识的，也或许是无意识的，但它却有一种别样的色彩，是神经症患者渴求优越感的一种主要驱动力量。通过干扰人际关系，现代文明中的竞争精神不仅对神经症的形成起到了促进作用，还助长了人们想要高人一等的需求。

对于理想化意象取代真正的自信和自豪的过程，我们已经有所了解，但它还有另外一种取代作用，即第三个功能。神经症患者的理想是互相矛盾的，因此它们不能对患者产生任何约束力，而且由于它们模糊不清，也不能给患者做出任何引导。所以，倘若对自创的理想的追求没有给生活带来某种意义的话，患者将彻底失去生活目标。当他的理想化意象一点点瓦解时，他会感受到巨大的暂时性的失落感。在分析过程中，这一点表现得尤为明显。只有在此刻，患者才明白自己理想上的困惑，才突然发现这种理想是不可取的。在此之前，虽然他在嘴上说他很重视这个问题，但他对此既不理解也不感兴趣；而现在，他第一次发现理想是有真实意义的，想要弄明白自己的理想到底是什么。所以我说，这种体验为理想化意象取代真正的理想做出了证明。对分析疗法来说，对这一功能的理解很有意义，分析师或许能够在早期治疗时就告诉患者其价值观中的矛盾，但他不能期待患者对这一问题表现出积极的兴趣，只有帮助患者完全丢掉他的理想化意象，才能够着手解决患者相互矛盾的价值观。

理想化意象的僵化主要是由它各种功能中的一种特定的功能造成的。如果我们私下总把自己视为道德楷模或者完美的人，那么我们就会将最明显的错误和缺点都隐藏起来，甚至把它们变成优点，如同在一幅美丽的绘画作品中，原本破旧、斑驳的墙壁变成了一种褐色、灰色和浅红色的完美组合，而完全不是原来的模样了。

防御是理想化意象的第四个功能，如果我们想对这个功能进行更深的了解，就要提出一个简单的问题：一个人会把什么视为自己的缺点和错误呢？乍一看这个问题并没有明确的答案，因为可以有无数种可能性，但是总会有一个相对来说比较具体的答案：一个人会将什么视为他的缺点和错误，是由他接受什么或者拒绝什么决定的，但是在具有类似文化条件的情况下，决定因素就是基本冲突占主导地位的那一个方面。比如，顺从型并不认为自己的恐惧和无助是缺点，而攻击型却觉得这些情绪非常可耻，不想让自己和他人察觉；顺从型会认为自己带有敌意的攻击性是罪恶的，而攻击型则将他的温柔情感视为可鄙的软弱。

另外，每一种类型都会不由自主地否认他自己可以接受的那一部分自我其实只是徒有其表。比如，顺从型不得不拒绝承认这一事实，即他并不是真正的大度和友爱；疏离型常常拒绝承认，因为他无法应付他人，才选择了与人保持距离和冷漠。通常来说，这两种类型都会否认施虐倾向（这一点将会在后面讨论）。所以我们能够得出下面这个结论：患者会将任何与自己对待他人的态度不协调的东西看作缺点，并予以排斥。我们可以说，否认冲突的存在就是理想化意象的防御功能，这也是理想化意象一直保持不变的原因。在明白这一点之前，我常常纳闷，为什么让患者相信他自己实际上并没有那么重要、那么出众会这么艰难，但现在看来，答案就很明确了：因为承认自己的某个缺点就表示他要面对他的冲突，这会对他建立的虚假和谐产生威胁，所以患者毫不让步。因此，我们可以得出下面这个结论：理想化意象越复杂、越僵化，冲突就越严重，即冲突的强度与理想化意象的僵化程度之间是正相关关系。

除了以上四个功能，理想化意象还有一个与基本冲突有关的功能。除了可以用来掩饰令人难以接受的冲突之外，理想化意象还有一个正面的用途。它体现了患者能够使对立的各方看起来相安无事的某种艺术性创造，或者至少在患者眼中，它们不再是冲突。下面会举几个例子对这其中的原因进行说明。为了避免过于啰唆，我仅列出存在的冲突和它是怎样出现在理想化意象中的。

人物X主要用顺从的方式应对内心的冲突，他非常需要被人照顾，需要友爱和赞同，想要变得慷慨、有同情心、友爱和体贴；自我疏离是占第二位的方式，他不喜欢参加聚会，害怕与人联系，强调独立，不愿被人强迫。他的疏离倾向总是与其对亲密关系的需要发生冲突，并常常导致他与女性关系失调。此外，他的攻击性驱力也很明显，表现为他在所有场合中都要力争第一，间接地对他人加以控制，有时甚至会直接利用他人，并且对任何干涉都无法容忍。这些倾向自然会使他求爱和结交朋友的能力大大降低，并且与他的自我疏离倾向发生冲突。因为丝毫没有意识到这些驱力，所以他虚构了一个将三种角色组合在了一起的理想化意象：他是一位良师益友——没人比他更善良、更友好，所有女人眼中只有他一个男人；他是一个人人敬畏的政治天才，是他那个时代最伟大的领袖；他还是一位智者、一位伟大的哲学家，能够深刻洞察生命的价值和生活的意义。

这样的理想化意象不全是幻想出来的。患者在这些方面都有充分的潜力，但是他却把潜力提升到了既成事实的高度，当成了自己巨大的成就。此外，他还掩盖了驱力的强迫性本质，并用自认为拥有的才能和天赋取而代之：他相信了自己爱的能力，并取代了对友爱和赞同的神经症需求；他相信自己独立又有智慧，所以不用再与人保持距离；他觉得自己拥有过人的天赋，所以就不必一心想着超越他人。最后也是最重要的一点，以下方式“消除”了他的冲突：相互冲突的几种驱力被他神圣化，于是它们不再是阻碍他发挥潜力的东西，而是他“完美人格”中相辅相成、一样也不能缺少的几种力量。

我们从另一个例子中更加清楚地看到了将相互冲突的因素分离的重要性。人物Y的主要倾向是自我疏离，而且由于他的自我疏离具有我们在前面所说的全部特征，所以比较极端。他的顺从倾向也很明显，可Y自己却无视这一点，因为这不符合他对独立的渴望。他有时会想要冲破压抑之壳，尽力变得友好，还有意识地想要与他人亲近，这与他的疏离需要又发生了冲突，所以他只能让自己在想象中变得冷酷：他在大规模杀戮的幻想之中沉迷，想要将一切干扰他生活的人都排除；他公开承认自己对丛林哲学的信仰，认为强权就是真理，认为追求私利是无可厚非的，是唯一明智和自然的生活方式。不过，他在实际生活中却非常胆小怕事，强硬的一面只有在某些情况下才会显露出来。

他的理想化意象是由下列角色组成的一个奇怪的组合：大部分时候他是离群索居的隐士，有着无穷的智慧；有时，他会变成狼人，一点儿人情味都没有，心里想的只有杀戮；此外，他还是一位理想的恋人和朋友。

我们在这个例子中同样可以看到对神经症倾向的否定，同样的将潜在的可能误认为现实，同样的自我膨胀。只是患者没有尝试着去缓解冲突，因此矛盾依旧存在。不过，这些倾向与真实生活相比，显得简单而又纯粹。它们彼此独立存在，互不干涉，而这正是患者想要的，冲突就这样“消失”了。

下面这个例子更有统一性的理想化意象。攻击性倾向在人物Z的行为表现中占绝对优势，并且还伴随着施虐倾向。他非常专横，随时都想着要利用他人。在贪婪的野心驱使下，他努力向前。他有组织能力，善于谋划，而且善战，还有意识地坚持着丛林哲学。他也远离人群，但是他总是无法保持他的孤傲，因为他的攻击性驱力总是让他和一群人纠缠在一起。不过，他依旧保持着高度警惕，既不让自己享受必须跟他人一起才能得到的快乐，也不让自己卷入任何关系之中。这一点他做得很成功，因为对他人的积极感受早就在很大程度上受到了压抑，而渴望的亲密关系也主要限于性关系。不过，对赞同的需要和明显的顺从倾向又干扰了他对权力的追求。此外，他还有一些与他的丛林哲学严重不符的道德标准，这些标准主要用来对他人进行鞭策，但他也会情不自禁地将其用在自己身上。

在他的理想化意象中，他是一名身披闪亮盔甲、有着开阔的视野、永远追求正义的骑士。为了成为一名英明的领袖，他通过遵守严格且公平的纪律来做事，不与任何人结交。他诚实而不虚伪。他是理想的情人，女人们都喜欢他，但是他绝不会对任何一个女人钟情。就像其他例子表明的那样，患者实现了同样的目的：把基本冲突的各种元素混在了一起。

因此，理想化意象是解决基本冲突的一种尝试，至少和我在前面已经说过的其他尝试一样重要。它的主观价值十分巨大，可以像黏合剂一样，将分裂的人格粘在一起。尽管它只在患者的脑海中出现，却给他与他人的关系带来了决定性的影响。

理想化意象也许会被称为一种幻想的或者虚假的自我，但这容易使人产生误解，因为它只说对了一半。患者一厢情愿地创造出令人震惊的理想化意象，特别是当它在一向脚踏实地的人的身上发生时。但这并不意味着理想化意象纯属虚构，它是在许多现实因素的相互作用下创造出来的，并且与它们交织在一起。尽管浮夸的成就纯属幻想，但他的潜力却是真实的。更准确地说，这种理想化意象是由患者内心的真实需要创造出来的，可以发挥真实的功用，对患者的影响也是非常真实的。它的产生取决于某种明确的规律，因此我们只要了解了它的特点，就能将患者真实的性格结构准确地推断出来。

不过，这种理想化意象之中或多或少有一些异想天开的成分，神经症患者本人却觉得它是真实的。理想化意象越牢固，神经症患者就越认同，与此同时，他的真实自我就主动地退居幕后。正是因为理想化意象的作用，这种为了抹掉真实的人格而突出理想化自我的对事实的颠倒注定要发生。对许多患者的案例进行回顾，我们就会相信，理想化意象在很多时候简直救了他们的命，这也对当理想化意象受到攻击的时候，患者为什么会做出完全合乎情理的，或者至少是合乎逻辑的反抗进行了解释。只要他觉得这种意象是完整的、真实的，他就能够感受到自己的优越性、重要性以及和谐统一，哪怕这些感觉都是虚幻的。因为他自以为高人一等，所以他觉得自己有提出各种要求和主张的权利。但是倘若他允许这种意象破灭，他便会马上受到威胁：他要面对自己的每一个弱点，还没有提出要求的权利，并且在他眼中，自己成了一个相对来说无足轻重的角色，甚至是可鄙的角色。更加可怕的是，他要直面自己的冲突和被冲突撕碎的可能。他听说，这个机会可以使他成为一个更好的人，与他的理想化意象相比，这些矛盾给他带来的经历更加宝贵，但在很长一段时间内，因为他害怕冒险迈出这一步，所以这对他没有起到任何作用。

理想化意象的主观价值如此巨大，倘若不是它还有不足之处，它的地位将无法撼动。首先，因为它包含着许多虚构元素，所以这座“藏宝屋”的根基非常不稳固，而且里面堆满了炸药，使得患者非常脆弱，外界的任何质疑或者批评，任何能够让他感受到内心冲突的力量，任何一次不符合理想化意象的行为，都可能会使这座“藏宝屋”爆炸或者崩塌。为避免自己发生危险，患者必须限制自己的生活：他必须逃避没有十足把握的任务，他必须回避无法得到赞美和认可的场合，他甚至会特别厌恶付出任何努力。他觉得，像他这种有天赋的人，只要拿起画笔，就能画出杰作。只有凡人才需要通过努力实现目标。让他像张三、李四和王五一样努力，就等于让他承认自己是一个凡人，对他来说，这简直就是一种耻辱。其实，没有哪一个目标是不需要付出努力就能实现的，所以由于他的这种态度，他追求的所有目标都显得遥不可及。因此，他的理想化意象和真实自我之间的差距便不断加大。

他需要他人以钦佩、赞同、奉承的方式不断地肯定他，但是这些能够带给他的安慰只是暂时的。他也许会无意识地憎恨一切取得了成就的人，或者那些在某些方面比他强的人，比如那些更会为人处世、更自信、更加见多识广的人，因为他们给他对自己的评价带来了威胁。他对他的理想化意象越执着，这种憎恨就越强烈。或者，如果他自己的傲慢被压抑了，他可能会对那些夸大自己的重要性并表现出傲慢举止的人表示出盲目的敬佩。他喜欢的只是自己的想象。早晚有一天，当他明白他所敬仰的神灵对他们自己之外的人和事物毫无兴趣，只关心他在他们的神坛上烧了多少香火时，他肯定会感到无比的失望。

也许，理想化意象的最大缺点是可能会让我们产生自我疏离。我们自己的组成部分受到压抑或者清除，使得我们与自己疏离，这种变化是由神经症在其发展过程中一点点产生的，而神经症的基本特性，也是在不知不觉中形成的。患者无法了解自己真正的喜好、感受、信念和厌恶，简单来说，真实的自我已经被他忘记了。在不了解这一点的情况下，他过着的是自己想象中的生活。詹姆斯·巴里的作品《汤米和格丽泽尔》中的主人公汤米已经说明了这一过程，而且比任何临床描述讲得都好。当然，如果患者没陷入由合理化作用和无意识的借口编织的巨网，他也不会如此行事而使生活岌岌可危。患者失去了生活的兴趣，因为并不是他自己在生活；他不能做决定，因为他不明白自己想要的究竟是什么；只有当困难出现时，他才会恍然大悟，这些都说明他不了解真实的自我。要想理解这种状态，我们必须明白遮蔽内心的那层面纱肯定会向外界延伸。最近，一位患者对他的状况做出了这样的描述："如果没有现实的干扰，我肯定会特别好。"

最后，尽管理想化意象是用来消除基本冲突的，而且的确在某种程度上取得了成功，但是它又在人格中产生了新的裂痕，甚至比以前的还危险。大致来说，一个人因为无法忍受真实的自己，所以要建立他的理想化意象。表面上看，他的真实形象被理想化意象抵消了，但是拔高自己之后，他对自己更加不满和鄙视，他更加难以忍受真实的自我，而且他还会因为自己难以达到理想的要求而苦恼。因此，他在理想化意象和真实自我之间、在自我崇拜和自我轻视之间左右摇摆，找不到一个可以退守的中间地带。

由此产生了新的冲突，冲突的一方是他相互矛盾的、强迫性的努力，另一方是由内心失调引起的专断。他对这种专断做出的反应就如同一个人对类似的政治独裁做出的反应：他也许会让自己对这位独裁者表示认同，换句话说，他会认为自己真的像内心所说的那样完美；或者，为了达到它的要求，他会努力地踮起脚尖；或者，他可能会对这种高压表示反抗，拒绝承担内心强加给他的义务。如果他做出的是第一种反应，我们会看到一个“自恋”的人，他无法意识到自己的“裂痕”，也听不得批评；如果他做出的是第二种反应，我们会看到一个“完人”，即弗洛伊德所说的超我型；如果他做出的是第三种反应，他会表现为拒绝为任何人和事承担责任，他的行为十分古怪，并且对所有事物都持否定态度。我是刻意选择“表现为”一词的，因为无论他做出的是哪种反应，从根本上讲，他都在挣扎。即便是那些自以为“自由”的反抗型，也试图努力将这种强加给自己的标准推翻。他在衡量他人时也会使用这些标准，这只能证明他依旧受制于自己的理想化意象。有时，患者也许会从一个极端向另一个极端转换。比如，在某个时期内，他可能会想变“善良”，但从中得不到任何安慰时又会向它的反面转换，对“善良”的标准表示坚决反对。或者，他可能会从明显的自我崇拜向至善论转换。更多时候，我们看到的是这些态度的组合。这一切都说明了一个事实——用我们的理论很容易理解——所有尝试都是不成功的，我们可以把它们当作患者为摆脱难以忍受的境况而做出的努力。患者在任何无法忍受的境况中，会对各种极为不同的方式进行尝试，如果一种尝试失败了，他就会试试另一种。

这些尝试成了患者正常发展的强大障碍。患者不知道自己错在哪里，所以无法从错误中吸取教训。虽然他认为自己取得了成功，但最后还是会对自己的成长毫无兴趣。当他说到成长时，心里只有一种无意识的想法，即创造出一个更完美的理想化意象，一个毫无缺陷的意象。

所以，分析要做的就是让患者明白自己的理想化意象，帮助他一点点认识到它的主观价值、功能以及给他带来的烦恼。然后，患者可能会问自己，这样做的代价是不是太大了？不过，只有当患者没有创造理想化意象的需要了，才能最终放弃它。

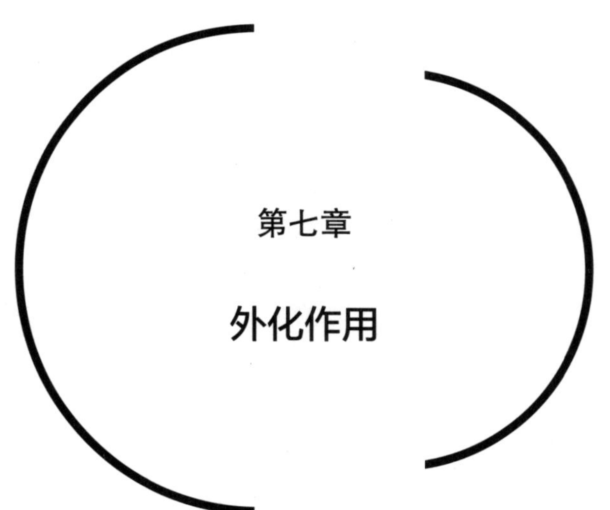

第七章

外化作用

我们已经看到，为了缩小真实自我与其理想化意象之间的差距，神经症患者采取了各种虚假手段，结果反而更加扩大了这种差距。但是由于这一意象的主观价值十分巨大，他又不得不说服自己接受它。为了做到这一点，他尝试了很多种方法，其中一些方法我们会在下一章谈到，在这一章我们只讨论一种对神经症结构产生了深刻影响却不那么众所周知的方法。

我将这种方法称为外化，它是这样一种倾向：内在的过程被患者感受为仿佛发生在自身之外，并因此将遭受的困难归结为这些外部因素。外化的目的与理想化意象一样，也是回避真实的自我。如果说对真实人格进行修饰和再创作的理想化意象还称得上是保留在自我范围之内的，那么外化则表示把自我完全抛弃了。简单来说，患者可以在自己的理想化意象中逃避他的基本冲突，但是当他无法忍受真实自我和理想化意象之间的差距时，他就再也不能从自己那里找到解决办法了，于是他唯一能做的就是逃离自我，将一切视为发生在自身之外，与自己无关。

这些现象有一部分属于投射，即将个人问题客观化。一般来说，投射是指将自己主观上排斥的品质或者倾向看成别人身上的东西，比如，自己有野心、背叛、伪善、控制、懦弱等倾向，就怀疑别人也有。在这个意义上，“投射”一词非常恰当。不过，外化是一种更加复杂的现象，拒绝承担责任只是它的一部分。患者不仅将错误的责任推卸到别人身上，还在某种程度上将自己所有的感受都看成是别人的。一个人如果有外化倾向，可能会对他人受到的压迫深感不安，却感觉不到自己受到的压迫。他可能无法感受自己的绝望，却对他人的绝望深有感触。在这方面，他意识不到自己对自己的态度是尤为重要的。比如，他在对自己发怒，却觉得是别人对他产生了怒气；或者他也许会意识到他对别人的怒意，但其实这种愤怒针对的是他自己。此外，他还会将他的好心情、苦恼和成就的原因都归结到外部因素上。他认为失败是命中注定的，成功是偶然的运气，甚至连好心情都是因为天气的缘故。当一个人认为无论他的生活好坏都取决于他人的时候，他肯定会一心想要改造他人、改变他人、惩罚他人，或者保护自己不被他人干扰。这样一来，外化就造成了他对他人的依赖，但是这种依赖与神经症对被人喜爱的病态需要所造成的依赖不同。外化还导致了人过分依赖外部条件，不管他早睡还是晚睡，住在市中心还是郊区，属于这个群体还是属于那个群体，吃这种食物还是吃那种食物，被赋予的重要性都太多了。因此他获得了荣格所说的外倾型性格。尽管荣格将外倾型性格视为气质倾向的片面发展，但是我却认为它是患者想要用外化作用来解决冲突的结果。

让患者产生一种痛苦的空虚感和肤浅感是外化的另一个不可避免的产物，不过患者并没有恰当地感知这种感受。他觉得他的胃空空的，而不是觉得情感空虚，于是强迫自己多吃东西以将其消除，或者他可能害怕自己的体重太轻，会如同羽毛一般被风吹来吹去，致使被狂风卷走。他甚至会觉得，如果分析他的所有事情，他就会变成一副空壳。患者的外化倾向越严重，他就越飘忽不定，就像幽灵一样。

以上讲的就是外化的含义，下面我们来看看它是如何缓解自我与理想化意象之间的矛盾的。不管患者怎样有意识地看待自己，这两者之间的矛盾都会产生潜意识的痛苦；他越是用理想化意象对自己表示认同，他的上述表现就越是无意识的。通常来说，这些感受会表现为对自己的愤怒、自卑以及压抑，这不仅会让他倍感痛苦，还会用各种方式剥夺他的生活能力。

自卑的外化一般表现为鄙视他人，或者自以为他人在鄙视自己，二者往往并存，而神经症的整个结构决定了哪一种更严重或者至少更有意识。患者的攻击性越强，越认为自己高人一等，就越容易看不起他人，越不会觉得自己被他人鄙视。相反，他越是表现得顺从，由于没用达到理想化意象的标准而导致的自责就越容易让他认为自己一点儿优点都没有。很明显，后者的破坏性更强，它会让他变得木讷、孤僻、胆小怕事。他会因别人对他表示的任何好感或者欣赏而觉得受宠若惊。同时，他甚至接受不了真诚的友谊，而是模模糊糊地觉得这不是自己应得的恩惠。他抵挡不了傲慢的人，因为他自己就是这样的，他觉得自己应当受鄙视。很自然，这些反应会导致不满的情绪，如果这种不满受到压抑并且不断积累的话，可能会产生爆炸性的力量。

尽管如此，通过外化来体验自卑依旧有其特别的主观价值。倘若患者意识到了他对自己的鄙视，这会摧毁他仅有的虚假自信，使他濒临崩溃。虽然被他人鄙视也非常痛苦，但患者总有改变他们态度的希望，或者将来找机会对他们实施报复，或者在心中暗自认为他人不公。但如果是自己鄙视自己，这些就都没有用了，一点儿可以挽回的余地都没了，患者会无意识地表现出绝望的状态。他不仅会开始瞧不起自己的弱点，还会认为自己整个人都是可鄙的，就连自己的优点也因此变得一文不值。也就是说，他会认为自己就是被自己瞧不起的那种形象，他会觉得这是一种无法改变的事实，毫无补救之法。这一点表明，分析师在分析过程中需要格外注意，不要触碰患者的自卑感，等到他的绝望感有所减轻，并且不再对他的理想化意象紧抓不放时，再进行这方面的工作。只有在这时，患者才能直面自己的自卑，并且开始意识到他的卑微是自己对高标准的主观感受，而不是事实。对自己更加宽容以后，他将会明白这种情况是可以改变的，明白自己厌恶的那些品质是他最终可以克服的困难，而不是真正可鄙的东西。

我们只有记住对于患者来说保持那种自己就是理想化意象的幻觉的重要作用，才能理解患者对自己的愤怒和这种愤怒如此严重的原因。理想化意象会给患者带来一种全能感，因此他不仅会对自己达不到这一意象的标准而感到失望，还会对自己产生怒意。无论他在孩童时期遇到过什么困难，自以为无所不能的他总觉得自己可以排除万难。现在，就算他清楚地知道他的神经症的复杂程度，他还是无法彻底治愈它。当他面对相互冲突的驱力，意识到无法将相互矛盾的目标实现时，这种愤怒就会达到高潮。这就是一旦他突然意识到冲突，就会感到恐慌的原因。

对自己的愤怒的外化主要是通过三种方式实现的。当患者可以无所顾忌地发泄不满时，很容易把愤怒发泄到自身之外，这时就变成了对他人的愤怒，这要么表现为广泛的易怒，要么表现为对他人所犯的具体错误感到愤怒，而这一错误正是他自身具有并让他深为痛恨的。这是怒意的第一种外化形式。为了说得更清楚一点儿，我给大家举个例子。一位女性患者抱怨她的丈夫办事不够果断，可这种情况只与一件小事有关，很明显她是在小题大做。因为我知道她自己就有做事不够果断的缺点，所以我暗示她，她的抱怨正好毫不留情地指出了自己的缺点。听了我的话，她突然变得狂怒，恨不得撕碎自己。其实，在她的理想化意象中，她是一个果断的人，根本忍受不了自己的任何弱点。非常戏剧化的是，在她下一次与我谈话时，竟把这种举动忘得干干净净。她似乎突然看到了自己的外化倾向，但还不准备放弃它。

患者会有意识或者无意识地感到恐惧，或者担心自己都容忍不了的缺点会把他人激怒，这是怒意的第二种外化形式。患者坚信他的某些行为会使他人产生敌意，以至于倘若没有感受到敌意，他反而会觉得十分奇怪。比如，有位患者的理想是成为一个善良的人，就像《悲惨世界》中的神父那样，但是他惊奇地发现，人们并不在意他圣人般的表现，而一旦他态度强硬或者发怒，人们就会更喜欢他。我们从他的理想化意象中很容易就能猜测出他是顺从型。

最初，他的顺从产生于对亲密关系的需要，而他对敌意的期待又使得顺从的倾向大大增强。其实，更严重的顺从正是外化的一个主要后果，并且说明了神经症倾向是怎样在恶性循环中逐渐加剧的。在这个例子中，“圣人”这一理想化意象迫使患者更加“谦逊”，从而增强了强迫性顺从倾向。由此产生的敌意使他对自我感到愤怒，而这种愤怒的外化不仅使他对他人感到更加恐惧，还反过来增强了他的顺从倾向。

把注意力集中在身体的不适上是怒意的第三种外化形式。当患者没有意识到他是在对自己发怒时，他能够明显地感觉到身体处于紧张状态，一般表现为头痛、疲劳、肠胃失调等。一旦他明白了自己的愤怒，这些症状立刻就会消失。这一点非常能够说明问题。人们甚至怀疑，是该将这些生理表现叫作外化，还是只把它们视为因压抑愤怒而产生的生理性后果。但我们依然不能忽视患者对这些表现的利用。一般来说，患者总是急不可耐地将他们的精神问题归咎为身体的不适，接着又认为身体的不适是外因引起的。他们很愿意证明自己没有精神问题，这只是由于工作疲劳过度引起的困乏，或者由于饮食不当引起的消化问题，又或者由于空气潮湿而引起的风湿病等。

神经症患者从他外化的愤怒中能够得到什么好处呢？可以

说几乎跟在自卑的情况下得到的好处一样。不过，有一点是值得注意的。除非我们真正认识到患者身上存在的这些自我毁灭的冲动的危险性，不然的话，我们就不能充分理解其病情究竟严重到了哪种程度。虽然上面所说的那位女患者只在一瞬间有过将自己撕碎的冲动，但是精神疾病患者真的可能会将自己砍伤致残。如果不是因为外化作用，发生的自杀行为可能会更多。能够理解的是，在明白了自毁冲动的力量之后，弗洛伊德才提出了一种死亡本能的概念，可是这一概念对他真正地理解自我毁灭的行为产生了阻碍，进而妨碍了有效分析的进行。

内心压迫感的强度是由理想化意象对患者人格的控制程度决定的，再怎么高估这种压迫感的作用也不为过。它比来自外部的压力更可怕，因为至少外部压力允许患者保留内心的自由。患者大部分时候都无法感受到这种压迫感，不过一旦这种压迫感消除，患者就会觉得如释重负，重获内心的自由，由此可见这种压迫有多大力量。患者能够通过对他人施加压力而使自己受到的压力外化，表面上看，这非常像神经症患者渴望的控制他人的效果，尽管它们可能会并存，但它们的不同之处在于，从本质上来说内心压迫的外化并不是要求他人服从，而是要将造成自己烦恼的标准强加给他人，并不考虑这样做会不会让他人痛苦。

还有一种外化形式同样非常重要，它表现为患者对外部世界中有些类似于强迫的东西都十分敏感。每一个善于观察的人都明白，这种过度敏感非常普遍，它并不都是由自我施加的强迫产生的，一般来说，它还有以己度人的成分，也就是说，在他人身上能够看到自己对支配的需要，并且因此对他人产生憎恨之心。我们在疏离型人格中首先想到的是患者对独立的强迫性坚持，这种坚持肯定会让他们对任何外在压力都过于敏感。分析师很容易忽略患者将无意识的自我强迫外化为这种更隐蔽的病因。这一点非常可惜，因为通常来说这种外化作用对患者与分析师的关系的潜在影响力很大。就算分析师已经把造成他敏感的原因找到了，患者还是很可能无视分析师的每一个建议。发生在这一过程中的带有破坏性的较量更加激烈，尽管分析师的确想让患者做出改变，但就算他将实情——他只是想帮他重新找回自己和生活的动力——告诉患者，也于事无补。患者会受制于分析师不经意间对其施加的影响吗？其实，因为患者不明白自己到底是怎样的人，也就无法选择什么是他该接受的或者该拒绝的。虽然分析师已经很谨慎地不将自己的观念强加在患者身上，但依旧于事无补。而且，由于患者不知道自己之所以会表现出特定的症状是因为受到了内在强迫之苦，所以他只能不分青红皂白地对一切想要改变他的企图进行反抗。毫无疑问，不仅在分析过程中会出现这种徒劳的斗争，在所有亲密关系中也必然会出现。只有分析患者的内心活动，才能将这一模式终结。

让问题变得更加复杂的是，患者对他的理想化意象的严格要求表现得越是顺从，他就越会将这种顺从外化。他会急切地想要达成分析师或者他人对他的期望，或者他自以为的他们对他的期待。他可能会表现得无怨无悔，但同时又会在暗中不断积累对这种“强迫”的憎恨。最终他会觉得每个人都在支配他，并且因此痛恨所有人。

那么，一个人将自己内心所受的压迫外化会有什么好处呢？只要他认为这种压迫来自外部，他就可以奋起反抗，哪怕是通过腹诽。同样，只要他觉得这是外部强加给他的压迫，自己就可以避免，并且可以因此维持一种自由的幻觉。不过，上面提到的因素更为重要：承认内心受到压迫表示承认了自己并不是理想化意象，这样会带来很多麻烦。

这种内心的压迫会不会表现出来，以及在什么程度上表现为生理症状，是一个很有趣的问题。在我的印象中，它与高血压、哮喘和便秘有关，不过，我在这方面的经验不多。

接下来就要讨论不符合患者的理想化意象的各种特征的外化。总之，这些特征是利用投射实现的，即患者能够在他人身上发现这些特征，或者觉得是因为他人自己才会有这些特征。这两种表现可能不会同时发生。我们在下面这些例子中，也许要重复一些以前已经说过的话，虽然有些东西已经是众所周知的，但是这些例子对我们更深刻地理解投射的意义依旧很有帮助。

患者A酗酒成性，经常抱怨他的情人不够关心和体贴他。据我所知，这个抱怨是不成立的，至少没有A说的那么夸张。在外人眼中，患者A饱受冲突之苦：一方面，他顺从、宽容、待人温厚；另一方面，他又专横、傲慢、待人苛刻。这就是攻击性倾向的投射现象。不过这种投射有什么必要呢？攻击性倾向在他的理想化意象中只是强大人格的一种自然成分，最突出的品质依旧是善良，他觉得自己是人们最理想的朋友，是自圣·弗朗西斯[①]之后最善良的人。那么，这种投射是为了讨好他的理想化意象吗？没错！而且，这种投射也允许他将自己的攻击性倾向表现出来，而不用意识到这一点或者直面冲突。他陷入了一个两难的境地：他改变不了他的攻击性倾向，因为它在本质上是强迫性的；同时他也不能放弃他的理想化意象，因为是它确保他不会精神分裂。投射就是一种摆脱两难境地的方法，它具有一种无意识的双重性：它既可以保证他的攻击性需求，又能使他拥有成为一个理想朋友所必需的品质。

① 意大利圣芳济会创始人，德行出众。

这位患者还对他的情人产生了怀疑，认为她对他不忠。这种怀疑是毫无根据的，因为她对他的爱简直就像母亲对孩子那样。其实，是他自己喜欢勾三搭四，而且做好了保密工作。我们可以这样想，他是因以己度人而形成了一种报复性恐惧，所以他必须找到为自己辩护的理由。即便我们从同性恋倾向这一角度来考虑，也解释不了这种情况，仅有的线索还是他对自己的不忠所持的特殊态度。他并没有将自己的背叛忘却，只是一时无法回忆起来，那些体验已经不是活生生的感受了，相反，他倒是对情人所谓的不忠记忆犹新。这里发生的就是他经验的外化，其功能与之前的例子相同——不仅能够让他维持理想化意象，还能够想做什么就做什么。

另一个例子是政治团体和其他组织中的权力斗争。钩心斗角往往是因为想要巩固自己的地位，削弱对手，但也可能是从一种无意识的、类似前面列举的那种两难境地中产生的。如果是这样的话，钩心斗角可能就是一种无意识的双重性的表现形式：它使我们不仅能够在斗争中使用阴谋诡计，还无须担心我们的理想化意象会被玷污，同时它又提供了一种非常好的方法，可以在他人身上宣泄我们对自己的愤怒和轻视，如果能够宣泄在那些我们最初就想打败的人身上，就更加让人满意了。

作为总结，我将指出一种常见的方式，利用这种方式，我们将责任推卸到他人身上，哪怕他人身上并不存在我们所说的问题。很多患者一旦发现自己的某些问题，就会立刻在童年时期寻找这些问题的根源。他们会说，他们之所以会对强迫敏感，是因为母亲太过强势；他们之所以很容易感到羞辱，是因为童年时有过这样的经历；他们之所以有报复心，是因为早期被人伤害过；他们之所以内向、离群，是因为年少时几乎不被人理解；他们之所以在性方面非常压抑，是因为他们从小就是以清教徒的方式长大的；等等。我在这里指出的，不是分析师和患者一起分析患者在童年时期所受的各种影响，而是那种对童年时期的影响过于重视的分析，这样的分析或许毫无成效，只是在原地重复，因为他们没兴趣探索作用在患者身上的各种致病原因。

由于弗洛伊德过分重视遗传的观念，所以我们更应该对其中真理与谬误所占的比例进行仔细考察。的确，患者的神经症倾向是在童年时期形成的，他可以提供的每一个线索都牵涉到他对已经发生的过程的理解。没错，患有神经症并不是他的责任，环境的影响太大了，他只能以他过去的方式成长。由于某种原因（即将在下文讨论），分析师必须对患者讲清楚这一点。

患者的错误是：他对在其童年时期就已形成的原因没有兴

趣，但是现在，这些原因依旧在他身上发挥着作用，并且造成了他目前的困境。比如，他在童年时期见过的伪善太多了，这可能就是使得他现在变得玩世不恭的一个原因。不过，如果他仅仅将他的玩世不恭与他的童年经历相联系，就忽略了他现在的需要，也就是嘲讽他人。这一需要产生于他被相互矛盾的理想撕扯，所以为了试着解决这个冲突，他必须抛弃所有的价值观。此外，他还会在自己应该承担责任的时候放弃，而在自己无法承担责任的时候负责。他不停地回忆童年时期的经历，就是为了让自己相信某些失败是他不得不经历的，而且尽管受到了失败的影响，自己依然可以毫发无损地从失败中走出来，如同一朵出淤泥而不染的莲花。对此，他的理想化意象是有一定的责任的，使他难以接受自己曾经有过或者目前仍有的缺陷或者冲突的正是这种理想化意象。更重要的是，他反复提及童年正是一种自省幻觉，不过由于他将自己的问题外化了，所以无法感受到在内心起作用的各种力量。因此，他不能视自己为自己生活的构建者。既然主宰不了自己的生活，他就将自己设想成一个球，沿着山坡一直滚下去，或者一只实验用的豚鼠，一旦条件反射建立起来，就永远被限定了。

患者片面强调自己的童年，明确地表明了他的外化倾向。因此，一遇到这种态度，我就会明白，我遇见了一个疏离自己的人，而且他仍然被驱使着远离自我。截至目前，我这种判断一直都是正确的。

在梦中也会出现外化倾向。如果患者在梦中梦见身为狱卒的分析师，或者梦见自己的丈夫将自己想要通过的门关上了，或者梦见在追求目标的路上总是出现障碍，那么这些梦正揭示了患者的一种企图：拒绝承认内心的冲突，并认为它是由某种外因导致的。

那些外化倾向十分普遍的患者会给分析带来特殊的困难。他来找分析师就如同看牙医，觉得分析师只要完成一项与他没有关联的任务就行了。他对朋友、兄弟、妻子的神经症感兴趣，但是对自己的神经症却毫无兴趣。他可以大说特说自己遇到的各种困难，却不愿对自己在其中应该承担的责任进行检讨。他会认为，如果他的工作不是那么令人心烦，或者他的妻子不是那么神经质，他就不会像现在这么糟糕。在很长一段时间里，他都没有认识到情感因素正作用于他的内心；他害怕贼、鬼和打雷，害怕有报复心的人在自己身边，害怕政治局势发生变化，但是从来没有对自己产生过惧意。他最多能想到的是自己的问题会带给他思维或者艺术上的乐趣，因而才会对它们有一点儿兴趣。不过我们可以这样说，只要他在精神上没有存在感，他就无法在他的实际生活中应用他所获得的任何领悟，因此，无论他对自己的了解有多深，他都不会有什么改变。

因此，外化在本质上是一种自我毁灭的积极过程，它之所以能够实现是因为患者疏离了自我，而且这种疏离是神经症固有的现象。在自我毁灭后，内心冲突自然也就从意识中离开了。患者因外化而更多地责备他人、畏惧他人、报复他人，即内心的冲突被外在冲突取代了。更具体地说，最早引起神经症的冲突——人与外界的冲突因外化而大大地加剧了。

第八章

假和谐的辅助方法

一个谎言往往会引出第二个谎言，而第二个谎言要想说得圆满则需要第三个谎言来弥补，以此类推，直至一个人被缠在蛛网般的谎言中无法挣脱。这种情况非常普遍。倘若某个人或者某类人没有追根究底的决心，在他或他们的生活中必然会经常发生这种情况。遮遮掩掩不是毫无作用的，只是会产生新问题，而新问题又需要新的应对方法。神经症患者在解决基本冲突时面临的也是这种局面，和在上文中描述过的情形一样，什么都是徒劳的，虽然患者表面上发生了一些彻底的改变，但是并没有解决最初的困难。神经症患者不得不在一个虚假的解决方案上堆起另一个虚假的解决方案，层层叠叠地堆起来，就像我们看到的那样，他可能会使冲突的某一个方面更为突出，但他依然处于被分裂的状态。他可能干脆离群索居，尽管冲突不再发挥它的作用，但他的整个生活却险象环生。他在创造出一个成功的、人格统一的理想化意象的同时，也制造了一个新的裂痕。为了弥补这个裂痕，他试图从内心的战场上消灭自我，结果却让自己陷入了更加难以忍受的境地。

这个平衡是如此不稳定，需要采取进一步的措施来支撑。于是患者会向许多无意识的方法求助，它们包括盲点、区隔化、合理化、过度自控、绝对正确、飘忽不定和玩世不恭等。我们不准备对这些现象进行讨论，因为这个任务太艰巨了，我们只想说明患者是如何运用这些方法来解决冲突的。

神经症患者的实际行为与他理想化意象中的自己有着明显的差别，人们甚至不明白他为什么看不到这一点。而且他不仅看不到这一点，还一直无视眼前的矛盾。这种盲点现象是最明显的矛盾，它使我首先注意到冲突以及与它有关的问题。比如，一位患者具有顺从型的所有特征，认为自己是个大好人，可是他却用非常随意的口吻跟我说，在员工会议上，他恨不得用枪击毙他的同事。的确，在当时引起这些类似杀戮的念头的破坏性渴望是无意识的，可是问题在于，被他称为“游戏”的杀人行为，不会对他圣徒般的理想化意象造成一点儿干扰。

另一位患者觉得自己是一位工作严谨的科学家，而且还是他所在领域里非常有创新能力的一个。但是在发表文章时，他却会本着碰运气的原则，挑选出那些在他看来能够得到最多赞誉的文章。他毫不掩饰这一点，只不过和上文描述的那位患者一样，他根本不知道其中的矛盾。同样，一个觉得自己直率又善良的男人，向一个女孩索取钱财，然后将其花在另一个女孩身上，而他对此则完全不以为然。

显然，在这几个例子中，将潜在的冲突排除在意识之外就是盲点所起的作用。令人惊讶的是，它竟然成功了；更令人惊讶的是，这些聪明的患者还对心理学有所了解。如果认为我们都有无视自己不关心的事情的倾向，显然并不足以对这一现象进行解释。我们还应该多说一句，那就是我们有多大兴趣去做这件事决定了我们对事物视而不见的程度。总之，这种人为的盲点十分简单地表明了我们有多么不愿意承认冲突。不过真正的问题是，我们是怎样做到无视上述那些明显的矛盾的呢？其实，如果不具备特定条件的话，这的确是难以办到的。我们对自己的情绪体验过分麻木和迟钝就是其中的一个条件。另一个条件早已被斯特莱克尔提出，那就是我们过着那种有隔间的生活。他不仅说明了盲点现象，还谈到了逻辑严密的分隔方法：一部分对私，一部分对公；一部分给敌人，一部分给朋友；一部分给外人，一部分给家人；一部分给下属，一部分给同仁。所以，对神经症患者而言，不同“隔间”中发生的事情并不存在矛盾。只有在患者由于冲突而失去了统一感时，他才可能会以这种方式生活。所以，与否认冲突一样，区隔化也是患者被冲突分裂的结果。这个过程与理想化意象中的情况是一样的：矛盾依然存在，但是冲突却无影无踪。很难说理想化意象和区隔化之间是谁导致了谁，但是，在“隔间”中生活而对整体视而不见似乎更应该对理想化意象的产生负责。

要想理解这种现象，我们必须把文化因素考虑在内。在如此复杂的社会系统中，人在很大程度上就像一个齿轮，与自我的疏离随处可见，而且人的价值也随之降低。人们的道德知觉因文化中的明显矛盾而逐渐变得麻木。人们不屑于道德标准，因此当一位慈爱的父亲突然有一天表现得像一个恶棍时，谁都不会觉得奇怪。在我们周围，几乎没有人格完整的人，因此我们自己的分裂状态也就不明显了。在精神分析中，因为弗洛伊德把心理学看成是一门自然科学，将它的道德价值完全抛弃了，所以分析师与患者一样无法看到这种矛盾。在分析师看来，对患者的道德观感兴趣或者自己有个人道德观就是“不科学的”。但实际上，对矛盾的承认，不一定只局限于道德领域，在其他许多理论体系中也出现了。

可以将合理化定义为通过推理进行自我欺骗。一般来说，合理化主要用于自我辩护，或者让自己的动机或行为与大家普遍认可的观念相符，这种看法在一定程度上是正确的。比如，在同一种文化中生活的人都以同一种准则进行合理化，而事实上，合理化的内容和方法却因人而异。如果我们将合理化视为一种支持神经症患者制造虚假和谐的方式，这一点就无可厚非了。我们在患者围绕基本冲突所搭建的防御工事的每个角落，都能够看到合理化起到的作用。通过推理，患者的主要倾向得到增强，那些可能会引起冲突的因素被他或者修正，或者变小，以掩饰冲突。可以通过对比顺从型和攻击型看出这种用自我欺骗的推理过程将人格合理化的方式。顺从型认为帮助他人的愿望来源于他的同情心，虽然他的支配倾向非常强烈——一旦这些倾向过于明显，他就会把它们合理化为乐于助人。攻击型在帮助他人时会拒绝承认他有同情心，他只是将他的行为归结于私利。理想化意象总是需要许多合理化行为来支持：最后，真实的自我和理想化意象之间的区别必须被归结为不存在。通过外化作用，患者以合理化的方法证明事情出自外因，或用来证明自己那些不能为他人接受的特点只是对他人行为做出的一种“自然”反应。

患者过度自控的倾向就像为了防止矛盾的情感泛滥而修筑的堤坝，它可能会十分强烈，乃至我曾经把它视为一种原始的神经症倾向。尽管最初它经常是一种有意识的行为，可过不了多久就会慢慢变成自发行为。患者在进行自我控制时，不允许其他事物来左右自己，无论是热情、自怜、性欲还是愤怒。患者很难在分析过程中进行自由联想；酒精也不能让他兴奋——他宁愿忍受痛苦也不肯被麻醉。简单来说，他试图压抑所有自发性。在那些冲突较为外露的患者身上，这些特点表现得尤为明显，他们没有使用任何有利于掩盖冲突的措施，冲突的任何一方面都无法占据主导地位，而且也没有充分保持自我疏离，以使冲突无法发挥作用。他们全凭自己的理想化意象保持着不分裂的假象。很明显，如果患者不努力，只靠理想化意象是不足以实现内心的统一的，尤其是当理想化意象的组成因素相互矛盾时，就更加不够了。到那个时候，患者就需要有意识或无意识地运用意志力控制冲突的趋势。因为愤怒引起的暴力是最具破坏性的，所以他就需要用极大的精力压制愤怒。这就导致了一个恶性循环：被压制的愤怒积聚了爆炸性的能量，而这又需要更多的自控来压制。如果分析师告诉患者要注意他的过度自控，患者会以任何文明人都需要自控来为自己辩护，但他却没有注意到自控的强迫性本质。他必须严格地进行这种自控，如果无法发挥作用，他就会感到恐慌，一般来说，这种恐慌会表现为害怕精神失常，这就清楚地表明抵抗被分裂的危险就是自我控制的作用。

绝对正确的功能有两种：消除内心的疑虑和消除外部因素

的影响。尚未解决的冲突肯定会使患者变得怀疑和犹豫不决，严重时它们甚至可以让患者无法行动。在这种情况下，患者很容易被外部因素控制。如果我们的信念足够坚定，就不会轻易左右摇摆，但是，如果我们一生都如同站在十字路口上，不知道该往哪边走，那么我们选择的力量，哪怕只是暂时的力量，都会轻易地被外部因素决定。此外，犹豫不决指的不仅是某种行为过程，还有自我怀疑——对自己的权利和价值产生怀疑。

这些不确定因素都对我们应对生活的能力造成了损害。不过，似乎并非所有人都无法忍受它们。一个人越是认为生活是一场无情的战争，就越是会对自己的弱点产生怀疑；越是远离人群、坚持独立，就越容易由外部因素引发愤怒。我的所有观察都表明了这样一个事实：攻击型倾向和疏离型倾向结合在一起，并占据主导地位时，最容易出现这种绝对正确；攻击型倾向越趋于表面，这种绝对正确就越强势。患者想要通过武断地宣称自己永远不会错来一劳永逸地解决冲突。在合理化作用的控制下，患者意识到情感是内心的叛徒，必须严格控制它。或许这样能够实现平和，但那种平和如同死寂一般。因此我们不难预料，这种患者讨厌对他内心的“平和”产生威胁的分析。

另一种表现与绝对正确几乎是相反的，但同样是否认冲突的一种防御方法，那就是飘忽不定。有如此表现的患者稍稍类似于童话故事中的角色，一遇到追击，就会变成鱼；倘若这种伪装还不保险，他们就会变成小鹿；一旦猎人追了上来，他们就变成鸟飞走。他们永远都不会说一句准话；他们要么拒绝承认自己说过的话，要么向你保证那不是他们的本意。他们能够将简单的问题变得复杂。他们通常不可能明确表达对某事的观点，哪怕他们真的想明确地表达自己的态度，到最后，听者还是不明白他们的意思。

他们的生活会非常混乱，一会儿富有同情心，一会儿恶毒；一会儿非常贴心，一会儿又十分冷漠；在某些方面很谦虚，在某些方面又很霸道。他们急于寻找强势的伴侣，先把自己变成“受气包”，之后又恢复自己的强势。在做了愧对他人的事情后，他们会因为悔恨而尽力弥补过错，然后又会因为觉得自己是个“笨蛋”而再次口出恶言。在他们看来，没有实实在在的东西。

分析师也会感到困惑，甚至觉得没办法展开分析。如果真这样想就错了。他们是病人，还没有成功地走上通往统一人格的路径；他们既没压抑住一部分冲突，也没建立起明确的理想化意象。从某种意义上说，他们对这些尝试的价值进行了证明。我们在上文讨论过的各种患者，无论他们的问题有多么复杂，最起码都有有序的人格，不像飘忽不定型的人迷失得那么严重。

另外，分析师也错了，他觉得冲突非常明显，不用费力就可以找出它们，所以分析工作特别简单。不过，他最终会发现患者不喜欢将问题明确化，甚至会拒绝治疗。他应该知道，这表明患者拒绝深入洞察其内心。

最后一种否认冲突的方法是玩世不恭，也就是否认和嘲笑道德观。无论患者多么教条地坚持他能够接受的特定标准，每一种神经症都会怀疑道德观。尽管玩世不恭的根源很多，但是其作用却总是拒绝承认道德观的存在，因此神经症患者可以不必费心弄明白自己究竟该相信什么。

玩世不恭可以是有意识的，于是成为马基雅维利主义一贯奉行的原则并得到捍卫。马基雅维利主义认为一切都只是表象，只要不被人抓住，人可以想做什么就做什么；除非是真正的傻瓜，否则人人都是伪君子。这种类型的患者无论在什么场合，都会对分析师提到的“道德”一词十分敏感，如同在弗洛伊德时代，人们对“性”一词十分敏感一样。但是，玩世不恭也可以是无意识的，只是这种倾向因为患者在口头上顺应社会而被掩盖了起来。尽管患者可能没有意识到自己玩世不恭，但他的言行却表明他正在以这种原则做事。或者他可能会在不知不觉中陷入矛盾，就像有些患者认为自己诚实且正派，却对那些喜欢采用不正当手段的人心生嫉妒，并且痛恨自己并不擅长这些东西。重要的一点是，在恰当的时候，分析师要让患者充分明白他的玩世不恭，并且帮助他对这一点进行理解。另外，一定要对他应该建立一套属于自己的价值观的原因做出解释。

上述内容都是围绕着基本冲突建立起来的防御机制。为了显得更简洁，我把整个防御系统称为防护结构。每种神经症都会建立一种组合式的防御系统，区别是它们的活跃程度各不相同。

第二部分

未解决冲突的后果

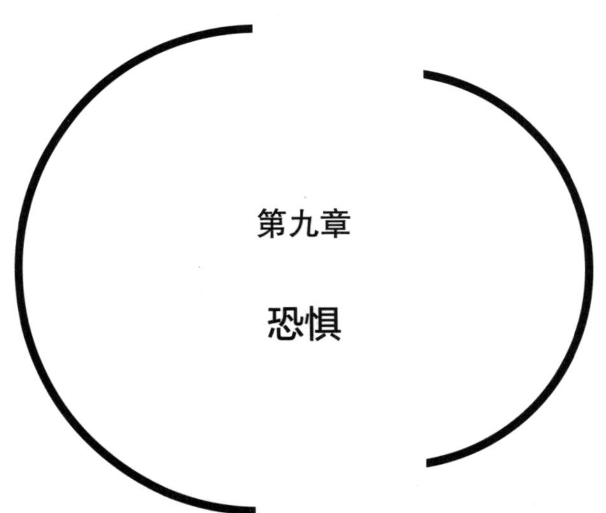

第九章

恐惧

在对神经症问题的深层含义进行探索时，我们极易在错综复杂的现象中迷失方向。这非常正常，我们如果无法正视神经症的复杂性，就不能理解它。偶尔跳出来看看，对我们重新调整视角是有帮助的。

我们对防御结构的发展进行了进一步的追踪，看到了一个个防御系统是怎样建立起来的，到最后，它们都确立了一种静态机制。患者在这一过程中投入的无限精力让我们印象深刻，我们更希望知道，一个人究竟为何要花费这样大的代价走一条如此艰难的道路。我们问自己：这个结构如此僵化，如此难以改变，究竟是什么力量造成的呢？建立防御系统的动力难道只是因为害怕基本冲突带来的破坏吗？用一个类比或许能让答案变得更清晰，当然，任何类比都不能保证完全准确，我们只是在最宽泛、最笼统的意义上使用它们。

假设有这样一个人，他有着不光彩的过去，伪造了身份，并在社会中站稳了脚跟，他特别害怕自己的过去被人揭开。随着时间的推移，他的境况慢慢变好，他认识了很多朋友，找到了工作，并且成了家。他非常珍惜自己的新生活，以至于产生了一种新的恐惧：害怕失去这种幸福。他现在拥有的地位让他骄傲，他努力忘记自己那令人厌恶的过去。为了彻底抹掉自己过去的生活，他救助以前的朋友，甚至捐款给慈善组织。然而与此同时，他的性格也发生了变化，他想掩盖的事实——以伪装开始新生活——反而成了新冲突下的暗流。

所以，神经症患者的基本冲突一直存在，只是形式发生了变化，某些方面增强了，另一些方面又缓和了，即便他们做了种种努力，也无法改变这一现状。然而，随之发生的冲突因这个过程中固有的恶性循环而变得更为严重。每一种新的防御方法都会进一步损害患者与其自身以及他人的关系，冲突正是源于这种关系，所以会因此而加剧。此外，在他的生活中，新因素（爱、成功、独立或者理想化意象）所起的作用越来越重要，他开始害怕事情会朝另外一个方向发展，害怕这些“财富”受到威胁。他自始至终都与自己保持距离，这让他越来越无力改变自己，也因此无法摆脱自己的困境。惰性随之而来，他的正常发展也受到了很大的影响。

患者的防御结构既牢固又脆弱，且会引发新的恐惧。害怕平衡失常就是新恐惧之一。这种结构带给患者一种平衡感，但这种平衡极易被打破。患者能通过多种方式感受到这种威胁，虽然他们从未有意识地去认识它。通过经验，他知道自己会无缘由地出现状况，会在意想不到或者最不情愿的时候发怒、兴奋、沮丧、疲乏和压抑。所有这些体验都让他有一种不确定感，使他不自信，感觉如履薄冰。走路姿态和步态的失常，或者缺乏使身体平衡的技能，都是他心理失衡的表现。

害怕精神失常就是这种恐惧最具体的表现。这种恐惧达到一定程度后，患者会主动求助精神科医生。这时候的恐惧，会受到一种被压抑的、想做各种疯狂事的冲动的影响，这种冲动带有破坏性，然而患者却并不会有任何负罪感。患者害怕精神失常，但我们却不能据此就认为他真的会精神失常。这种恐惧只有在极其悲痛的情况下才会出现，而且往往是暂时的。它对患者最大的挑战，体现为对理想化意象的突然威胁，或一种极度的紧张（主要产生于无意识的愤怒情绪），以致危及患者的过度自控。比如，一位女性本以为自己性情平和且勇敢，但是当她处于让她感到无助、害怕和愤怒的困境中时，她便产生了这种恐惧。她的理想化意象原本像一个铁箍紧紧箍着她，但现在却一下断裂了，她因此害怕自己会四分五裂。我们已经说过，当一位疏离型患者被强拉出他的“避难所”，并和他人近距离接触时（比如，必须和亲属住在一起或者参军），他就会感到恐惧。这种恐惧也可以表现为害怕自己精神失常，甚至真的出现精神失常的症状。在分析治疗中，当一位患者竭力制造了一种和谐的假象，却又突然意识到自己实际上已陷入分裂状态时，也会产生类似的恐惧。

引起精神失常的恐惧往往是无意识的愤怒，这一点已在分析中得到了证明。这种恐惧一旦减弱，就会变成一种担心——担心自己失控时会辱骂、殴打甚至杀死他人。一方面，患者也害怕自己在做梦、醉酒、性兴奋或被药物麻醉后出现暴力行为。患者可能意识到了自己的愤怒，或者虽然没有付诸行动，但在意识中表现为一种强迫性的暴力倾向；另一方面，患者也可能完全没有意识到自己的愤怒，他只是突然感到一阵莫名的恐慌，或许还伴有出汗、眩晕，甚至担心自己会晕过去，这是患者对自己的暴力倾向失控的恐惧。当无意识的愤怒外化时，患者可能会害怕一切自身以外的潜在的破坏性力量，如打雷、鬼魂、盗贼、蛇等。

不过，害怕失去平衡仍是恐惧最突出的表现，害怕精神失常相对来说是比较少见的。通常对失去平衡的恐惧更为隐蔽，它的表现形式常常是模糊的、不确定的，日常生活中的每一个变动都能引发这种恐惧。有这种恐惧的人在很多时候都会深受其扰，如准备旅行、搬家、换工作、雇一个新的佣人时，因此只要可以，他们就会极力避免这种改变。患者不敢寻求医生的帮助，特别是在他们找到了一种使他们的生活稳定的方式之后，因为这种恐惧会威胁人格的稳定性。他们在考虑心理分析是否可行时，关心的往往是一些看起来非常合理的问题：分析治疗会对自己的婚姻产生影响吗？自己是否会因此暂时无法工作？这会不会使自己易怒？会不会干涉自己的宗教信仰？从某种程度来说，是患者的绝望引起了这些问题，他觉得不值得为此冒任何风险。然而，他真正的顾虑却隐藏在他所关心的问题后面，那就是他必须确定分析不会影响他的平衡。在这种情况下，我们完全可以得出这样的结论，患者的平衡原本就不稳定，所以对他进行分析会非常困难。

分析师是否可以向患者保证绝不打破他的平衡？不，他不能。无论哪种分析都一定会引起患者暂时的不安。分析师能做的，就是对这些问题进行深入分析，告诉患者他真正恐惧的是什么，并且让他明白分析固然可能会暂时将他的平衡打破，但却能帮他建立一种更为稳固的平衡。

害怕暴露是另一种产生于保护性结构的恐惧，其根源在于患者为了维护和发展防御结构而采取的很多虚伪做法。这些虚假的做法，我们在谈到冲突对患者的道德诚信的损害时再进行讨论，现在我们要指出的是，患者自欺欺人，隐藏自己的真实面目，努力表现得比真实的自己更和谐、更理性、更慷慨、更强大或者更冷酷。他更害怕的是把自己的真实面目暴露给自己，还是暴露给他人，这就很难说清了。在意识上，他更为关注他人，他越是把恐惧外化，就越是害怕别人将他一眼看穿。在这样的情况下，他会认为，他是怎么看自己的并不重要；对于自己的失败，他可以从容面对，只要他人不知道就可以了。虽然事实并非如此，但在他的意识中却是这样认为的。通过这些，我们可以判断他的外化程度。

对暴露的恐惧常常是一种模糊的感觉，即患者或是觉得自己在骗人，或是突然重视起自己原本不感兴趣的东西。患者或许害怕自己没有别人认为的那么聪慧、能干、有教养、富有魅力，并会对那些自己性格里并不具备的品质心生恐惧。有一位患者回忆，他在少年时代总是名列前茅，但他总是担心别人认为他的成绩是通过作弊手段取得的。每次转学时，他都惶恐不安，即便再一次名列前茅，他还是有这样的恐惧。这种情况困扰着他，他找不到原因。他想错了方向，自然想不明白自己的问题：他对暴露的恐惧与他的智力程度没有关系，而仅仅是被转移到了这里。事实上，恐惧和他无意识的虚伪有关，他觉得自己是一个不看重成绩的好学生，而事实上他却一心想战胜别人。由这一例证，我们可以得出这样一个恰当的结论：对自己是虚伪的人的恐惧往往同某种客观因素有关，然而却通常并非患者自己以为的那个。从病症上来说，脸红或者害羞是这一恐惧最显著的表现。因为患者害怕暴露自己无意识的虚伪，所以假如分析师看到患者有害怕被人揭发的表现，就认定他有感到羞耻并想要遮掩的事情，并因此而去寻找的话，那他就大错特错了。实际上，患者并未隐瞒什么。患者越来越害怕自己确实有那些在无意识中会暴露出来的事情，这种情况只会让患者越来越自责，而对建设性的分析毫无帮助。患者可能会进一步讲述他的风流韵事，或者破坏行为的细节，然而除非分析师意识到他内心的冲突，而且他本人也意识到自己看问题的片面性，否则他对暴露的恐惧会永远存在。

任何情境都可能引起这种恐惧，比如，换了一份新工作、结交了一个新朋友、进入新的学校、参加考试、聚会，或者参加任何会使神经症患者被人注意到的活动，即便只是参与讨论，这些情境对他来说都是考验。患者有意识地认为自己只是害怕失败，但实际上他是害怕暴露，因此即便他获得成功也无法减轻这种惧怕，他只会认为这一次他是“侥幸逃脱”，然而下一次呢？假如他真的失败了，他会更加确定自己一直都是个骗子，只是这次被发现了。极度害羞就是这种感觉中的一种表现，特别是在面对新情境时；在面对他人的喜爱和欣赏时，小心翼翼是另一种表现，他会有意识或者无意识地想：“他们现在喜欢我，但是一旦真正了解了我，就不会这样了。”因此，这种恐惧在分析中肯定有一定的作用，因为“发现”正是分析的明确目的。

每一种新的恐惧都需要一套新的防御机制。患者在解决自己对暴露的恐惧时，有时用的是两种相互对立的方法，他的性格结构决定了具体会采取哪两种方法。一方面，患者有这样的倾向——避开任何类型的考验情境，假如不能避开，就保持沉默，并且极为自制，或许还会戴上一副面具，让人很难猜透；另一方面，患者又无意识地试图使自己成为无懈可击的“骗子”，根本无须害怕暴露。后一种态度并不只是防御性的，攻击型患者为了影响那些他想利用的人，常常把事情说得天花乱坠。因此，包括分析师在内的任何人企图影响他们时，都会遭到他们狡猾的抵抗。在此我指的是有公开施虐倾向的患者。在后面的论述里，我们将会看到这一特质是怎样同患者的性格结构保持一致的。

患者害怕暴露什么？一旦暴露了，他将面临什么打击？回答这两个问题后，我们就能理解患者对暴露的恐惧了。第一个问题我们在前文已经做了回答。要回答第二个问题，我们就必须处理另外一个恐惧，这个恐惧同样源自防御结构，那就是对被他人忽视、侮辱和嘲笑的恐惧。患者对打破平衡的恐惧源自防御结构的不稳固，对暴露的恐惧产生于无意识的欺骗，而对羞辱的恐惧则来源于受伤的自尊。这个问题我们在前面的章节已经提到过。无论是理想化意象的产生，还是外化的过程，都是患者试图用来修复受损的自尊的方法，但正如我们已经看到的，这两种方法反而进一步损害了自尊。

纵观自尊在神经症发展过程中发生的变化，我们能看到两对交互运动的轨迹。一对是，真实的自尊水平下降了，但不真实的自傲却随之上升了，患者认为自己特别善良、特别上进、独一无二以及无所不能。另一对是，神经症患者贬低真实的自我，却抬高不真实的他人。在压抑、理想化和外化的影响下，患者无法正视自己，即便他并没有变成影子，他也认为自己是一个虚化的影子。与此同时，对他人的需要和恐惧的结果是，他人变得更加不可缺少，且更加可怕。所以，患者的重心更加偏向他人而不是自己，就连原本属于自己的权利也都拱手让与他人。这样做使得患者认为自我评价不重要，他人对他的看法才重要，因此在患者心中，他人的看法更有权威和力量。

上述种种情况共同解释了神经症患者在面对忽视、羞辱和嘲笑时何以如此无力。这些情况存在于任何一种神经症中，因此才表现得极为敏感。认识到有很多因素能引发对忽视的恐惧后，我们就会明白，这种恐惧很难消除或者减轻，它只能随着神经症的减轻而有所缓解。

这种恐惧通常会让神经症患者远离他人，且对他人充满敌意。更为重要的是，有这种恐惧的人不能施展自己的才能。他们不敢对他人有所期望，或者为他们设定远大的目标；他们不敢接近那些在某些方面强于自己的人；即便非常有想法，他们也不敢发表意见；即便有很强的创造力，他们也不敢运用；他们不敢让自己变得有魅力，不敢感动他人，不敢有所进取等。他们也会偶尔进行这些方面的尝试，但往往因惧怕他人的嘲笑而止步不前，进而保持沉默、在稳重中规避风险。

另外，还有一种恐惧，与我们已经描述过的这些恐惧相比，它更加不易觉察，那就是对自身改变的恐惧，它可以被视为在神经症发展过程中产生的所有恐惧的凝缩。在面对这种恐惧时，患者往往会有两种极端的反应：要么不闻不问，期待改变会在将来的某个时刻奇迹般地自然发生；要么急于求成，对问题还没有深入理解就想要改变。在第一种反应里，患者自以为对问题略有了解或者承认缺点就够了；想要实现自我，他们就必须做出改变，改变他们的态度和倾向，这让他们感到震惊和不安；他们虽然已经明白了其中的道理，却还是无意识地抗拒。在与此相反的第二种反应里，患者自称已经有所改变，这一方面是一种想当然，因为患者对自己的任何不完美都无法容忍；另一方面也是由他无意识的自以为全能的想法决定的，他认为只要想让麻烦消失，麻烦便会消失。

患者除了惧怕改变，还担忧事情会向更坏的方向发展，也就是失去理想化意象，变成自己都厌恶的模样，或者变得跟像其他人一样庸俗，或者被分析后只剩下一个空壳。患者害怕未知的事物，害怕失去已经拥有的安全感和满足感，害怕无法改变。只要了解了神经症患者的绝望，我们就能更加理解这种恐惧。

所有这些恐惧都是由未解决的冲突引发的。但是，如果我们想求得人格的完整，就必须勇于面对这些恐惧，因此这些恐惧就成了我们正视自己的障碍。它们就像炼狱，我们必须走这一趟才能得到救赎。

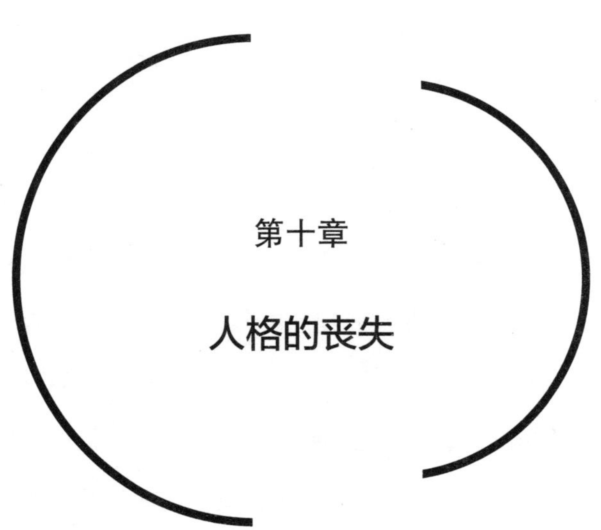

第十章

人格的丧失

要对未被解决的冲突所带来的后果进行分析，就像是进入一个广袤无边、前人还未探索过的领域。我们或许能首先通过分析那些患者表现出来的症状——抑郁、酗酒、癫痫或者精神分裂症，来更好地认识特定的症状。但是，我想提出这样一个问题：未解决的冲突是怎样对我们的精力、人格的完整和人生幸福产生影响的？我要从一个更为有利和广泛的角度来对它进行考察。之所以采用这种方式，是因为我确信，想要理解这些症状的意义，就必须先理解有这些症状的人的基本属性。在现代精神医学中，有这样一种倾向：找到方便的理论构想，以对现有症候进行解释。考虑到临床分析师的需要，这种倾向无可厚非。但是，这么做根本不科学，也行不通，就好比一位建筑工程师不打地基就要建造大厦的顶层一样。

我们在前面已经讨论过一些与我们的问题相关的因素，这里只需简单地进行一点儿扩充。另外，也有一些因素是暗含在前面的讨论中的，我们还需要对其他因素进行补充。我的目的是让读者有一个清晰且全面的认识——冲突是怎样损害人格的，而并非要给读者留下一些含糊的观点，使他们觉得未解决的冲突是有害的。

带着未解决的冲突生活是对生命力的巨大浪费，造成这一结果的既有冲突本身，也有所有想要解决冲突的错误尝试。当一个人从根本上处于分裂状态时，他往往会同时追求两个甚至更多个相互矛盾的目标，这使得他永远无法集中精力做事。这意味着，他要么分散了自己的精力，要么不自觉地挫伤了自己的努力。有前一种问题的人就像培尔·金特这类人物一样，在理想化意象的作用下，他们相信自己无论在哪方面都出类拔萃。一位属于这种病例的女性患者，一方面想要成为一个上得了厅堂下得了厨房的贤妻良母；另一方面，又想穿着体面，在社交和政治场上大出风头。她既想成为贤妻良母，又想当女强人，还想有艳遇。这无疑是无法做到的，且注定会失败，而她的精力——不管多么充沛——终将会被浪费掉。

更常见的是，动机相互矛盾干扰了对某一目标的追求，从而导致失败。一个人想交到好朋友，但他又想命令别人，因此他的愿望永远无法实现。一个人望子成龙，但是他追求家长权威且自以为是，这使得他无法如愿。一个人想写一本书，然而每当他不能马上将自己想要说的话写出来时，他就感到头痛欲裂或者浑身乏力。这还是理想化意象在起作用：既然他是一位才子，为什么不能文思泉涌，下笔如神呢？当他不能让文字从笔端奔涌而出时，他就会生自己的气。别人或许也想在会议上提出一个同他一样的、很有价值的想法，但是他不仅要以一鸣惊人的方式提出来，让别人黯然失色，还希望大家没有异议，交口称赞。但同时他将自己的自卑外化，又害怕会被嘲笑。这样造成的结果就是，他完全无法思考，即便他原本有一点儿想法，也不会有什么结果。还有一个人，他本是一个很好的组织者，但是因为施虐倾向，他把自己身边的每个人都得罪了。我们没有必要再举更多的例子了，只要看看自己或者周围的人，我们就能找到众多类似的例子。

患者虽然没有明确的思维方向，但仍存在一个极为明显的例外情况。神经症患者有时会表现得非常专一：如果是男性，他或许会不惜牺牲一切，甚至是尊严，来实现自己的抱负；如果是女性，除了爱，她或许什么都不需要了；做父母的或许会一心扑在孩子身上。人们会认为这样的患者是一心一意的。但正如我们之前所说的，事实上他们追求的是某种看似能解决其冲突的幻觉。表面上的一心一意并非出于人格的完整，而是出于绝望。

消费和浪费了患者精力的不只是冲突的需要和倾向，还有患者防御结构中的其他因素。患者的一部分人格因为基本冲突的某些部分受到压抑而被掩盖，但这些被压抑的部分仍然非常活跃，虽然无法起到什么建设性的作用，但仍足以干扰患者。因此，压抑使得那些原本可以用来建立自信、与人合作或者建立良好的人际关系的精力流失了。我们再来讨论另外一个因素，那就是与自我的疏离让患者不再有主动性。他虽然能成为一位好员工，在外部压力作用下能做出很多努力，但一旦必须只依靠自己，他就不知该如何是好了。这意味着在工作之余他毫无建树，也不快乐，非但如此，他所有的创造力也都被浪费了。

在很多时候，众多因素结合在一起使得患者出现大面积的弥散性压抑。我们往往必须反复研究某种压抑，从我们已经讨论过的所有角度来处理它，才能理解并最终消除它。

精力的浪费或者不当使用是由三种主要的失调造成的，这三种失调证明有未解决的冲突存在，犹豫不定便是其中之一。它可能体现在任何事情上，不管是重要的大事，还是琐碎小事。患者可能一直都在犹豫，是吃这道菜还是吃那道菜？是买这个包还是买那个包？是听广播还是去看电影？他或许在很多事上都不能做出决定，如选择哪种职业，或者入职后怎样走下一步，在两个女人中选哪一个，是离婚还是凑合着过，是一死了之还是继续活下去。在必须要做出选择，且做出的选择无法更改时，他通常会恐慌，并感到筋疲力尽。

人们常常无意识地努力避免做任何决定，所以虽然有时明显犹豫不定，但是人们自身往往察觉不到。他们往往不停地拖延，或刻意回避必须做出决定的场合；他们总是静待机会溜走，或让别人来做决定；他们也可能会将问题弄得极为复杂，以使做决定变得不重要。随之产生的毫无目的的状态通常也并不为患者所知。由于患者常用很多无意识的手段来掩饰自己的犹豫，所以分析师很少听到患者这方面的诉说，事实上这是一种非常常见的障碍。

普遍的低效率是精力被分散的第二个典型表现。我这里说的不是在某一个特定领域的能力不足，这或许是因为缺乏训练或者兴趣造成的，也不是那种尚未被挖掘的能力，威廉·詹姆斯[①]在他的论文中对这种能力有过描述，他指出，当一个人觉得疲劳却仍然坚持，或者在外部压力下仍然不屈服时，他就会迸发出巨大的潜能。那种因内心有冲突而导致无法施展最大能

① 威廉·詹姆斯，美国心理学之父。美国本土第一位哲学家和心理学家，也是教育学家，实用主义的倡导者，美国机能主义心理学派创始人之一，也是美国最早的实验心理学家之一。

力而造成的低效率才是我这在里要讲的。正如一个人想驱车前行却又踩着刹车一样，车子终归不能前行。他的情形就是这样，无论从他的能力还是从任务本身的难度来说，他做任何事都不应该慢吞吞。他并不是不尽力，正相反，他做任何事都会异常努力。比如，他会花上几个小时来写一份简单的报告或者掌握一个简单的机械操作动作。当然，阻碍他行动的因素多种多样，比如，他可能会无意识地抗拒那种让他觉得受到压迫的东西；他可能想让每一个细节都尽善尽美；他可能很生自己的气——就像上面的例子一样，他会怪自己为何没有一开始就大显身手。低效率不仅仅表现在做事缓慢上，笨拙或者健忘也是其常见的表现。一位女用人或者家庭主妇如果觉得自己很有才能，但却要做家务活，她就无法好好干活，而且，她的低效率还会影响到她的其他活动。从主观上讲，这意味着若在一种扭曲状态下工作，其结果必定是很容易疲劳，需要更多的休息。处于这种状态下，患者无论做什么工作都会付出更多的努力，正如刹车被踩住的汽车难以正常开动一样。

内在的压力和低效率不仅会在工作中表现出来，在人际关系中也有很明显的表现。如果一个人想友善待人，却又讨厌这样做，因为他认为这是在讨好别人，他就会显得矫揉造作；如果他想让别人给他某种东西，但又觉得应该强行索取，他就会表现得非常粗鲁；如果他想坚持己见，却又想附和他人的意见，他就会迟疑不决；如果他想与人接触，却又担心会被拒绝，他就会害羞；如果他想与伴侣建立性关系，却又想让伴侣受挫，他就会表现得很冷淡，凡此种种。可见，矛盾倾向越普遍，生活的压力便越大。

有些患者意识到了这些内在的压力，但通常只有在特定情况下，比如这种压力增加时，他们才会觉察到。在他们感到放松、自在时，这样的对比也会让他们偶尔意识到这些压力。对于由此产生的疲劳，他们往往认为是其他因素造成的，比如，身体不好、工作太累和睡眠不足等。这些因素的确可能导致疲劳，但都不是主要原因。

普遍的惰性是第三个典型表现。有此症状的患者经常责备自己懒惰，但他们实际上并不愿承认自己懒惰。他们或许会有意识地反感任何努力，并且将这种观点合理化，认为不管做什么事情只要有想法就够了，落实“细节”是别人的事，即事情应该由别人来完成。对努力的反感或许会表现为一种恐惧，即害怕努力的结果会带来损害。这种恐惧并不难理解，比如知道他们自知很容易疲劳就是很好的证明。如果分析师只看到了这种疲劳的表面现象，那么他的建议或许反而会加剧患者的这种疲劳。

神经症性质的惰性会使主动性和行动力丧失。一般来说，这样的结果是与自我过度疏离和缺乏目标导向造成的。神经症患者常常会因长期的紧张和令人不满的努力而无精打采，虽然这其中偶尔也会有短暂的激烈活动。至于致病原因，患者的理想化意象和施虐倾向是其中最有影响力的因素。神经症患者需要做出不懈努力，这一事实会让他认为自己并非那个理想化意象，而一想到自己所做的事是平庸的，他就宁愿什么也不做，而是幻想自己有非常出色的表现。自卑感常常会随着理想化意象使他进一步失去自信，让他觉得自己什么有价值的事情也做不了，所以行动带给他的刺激和乐趣也被埋藏了。施虐倾向会让患者矫枉过正，对所有带有攻击性的事情持回避态度，尤其是在其被压抑时（表现为施虐倾向的倒错），结果便形成了不同程度的精神障碍。普遍的惰性的作用尤其重要，因为它既能影响患者的行为，又能影响他的情绪。只要冲突尚未解决，浪费的精力就难以衡量。神经症说到底是特定文化的产物，因此这种对人类天赋和品质的毒害无疑是对特定文化的控诉。

带着未解决的冲突生活，不仅会使精力分散，还会使价值观分裂，这里说的是道德准则，以及影响我们与他人的关系，我们自身发展的那些情绪、态度和行为。正如精力分散会造成浪费一样，在道德问题上的“分散”也会对道德整体性造成损害，换句话说，也就是对道德诚信有损害。造成这种损害的是患者矛盾的立场和其想掩盖矛盾本质的企图。

相互矛盾的道德观也会出现在基本冲突中。虽然患者竭力想使它们相互协调，但它们还是会影响他。这意味着，所有这些道德观都没有被患者认真对待。理想化意象本质上是一种幻象，虽然它带有真实理想的成分。无论是患者本人还是未经训练的观察者，都很难识别它，就像区分假钞和真钞一样。神经症患者或许确信自己正在追求理想，会为自己的每一个疏忽而自责，这样他在追求自己的标准时就给人极为尽责的印象；或者患者可能会在对价值观和理想的思考和谈论中沉迷。我所说的他不认真对待自己的理想，是说那些理想无法约束他的生活。除非他觉得理想极易实现或者非常有用，否则他是不会付出实际行动的，只会随意地将之束之高阁。这样的例子我们在讨论盲点和区隔化的时候已经见过，而这样的情况却极少在认真对待理想的人身上出现。如果这些理想是真的，他们是不会轻易地将其抛弃的。比如，某人一直声称自己执着地追求某项事业，可一遇到诱惑，他就马上背叛了这一理想。

总之，真诚减少，自私自利增加，是道德诚信受损的特点。非常有意思的是，日本的一些禅宗著作也认为只有内心完整的人才能抱诚守真，这恰好佐证了我们基于临床观察所得出的结论：内心分裂的人无法做到完全真诚。

弟子：我听说狮子在扑向猎物时，不管是一只兔子还是一头大象，它都会全力以赴，您能否告诉我这是怎样一种力量？

师父：真诚的精神，即不欺之力。

真诚即不欺，能够“显示出一个人全部的内在”，也被称为“体现在行动中的整个身心”……这意味着毫无保留，毫无伪装，毫无虚损。一个人倘能如此生活，则可谓成一头金毛雄狮了。这是刚健、真诚和内心完整的象征；如此，则是圣人。

自私自利的问题属于道德范畴，因为它让别人屈服于他的需要。患者将他人看作可以达到自己目的的工具，而并非与其有同等权利的人。他取悦或者喜欢别人，为的是缓解自己的焦虑；他打动别人，为的是提升自己的自尊；他责备别人，是因为他无法承担责任；他必须打败别人，是因为他需要成功，如此等等。

这些损害的具体表现形式因人而异，我已在其他地方讨论过大多数，这里只需要更为系统地回顾一下。我之所以不详细地论述，是因为那太困难了。施虐倾向我们还未讨论过，只能放到以后再说，因为它可被看作神经症发展的最后阶段。我们将从最显著的表现开始，因为不管神经症的发展过程是怎样的，总有一个关键因素——无意识的虚假。下面就是无意识虚假的一些突出表现。

虚假的爱。“爱”这一概念包含的感觉和渴求，以及主观上被认为是爱的感受，种类多得惊人。一个认为自己太软弱、太空虚而无法独立生活的人，会觉得希望依附于他人也是爱。在具有攻击倾向的人身上，它的表现可能是一种企图利用他人获得成功、名望和权力的欲望。它还可以表现为渴望征服别人、战胜别人，或者融入他人的生活，通过对方来实现自己的生活目标，甚至还会用施虐的方式达到这一目的。它可能是一种渴望得到他人赞美的需要，目的是让自己的理想化意象得到他人的肯定。正是出于这些原因，我们的文化很少承认爱是一种真正的情感，其中充斥着虐待和背叛，这就使我们有了这样一种印象：爱变成了轻视、憎恨或者冷漠。然而，真正的爱是不会这样轻易变质的。事实上，导致虚假的爱的感觉和倾向最终都将露出真面目。毋庸置疑，这种虚假不仅在父母与孩子的关系中存在，也在友谊和两性关系中存在。

虚假的善良，包括无私、同情等，也与虚假的爱类似。这种虚假是顺从型患者的特点，再加上他所固有的特定类型的理想化意象和他对攻击性倾向的压抑，使得这种虚假更为严重。

虚假的兴趣和知识。这种虚假表现在那些与自己的情感疏离，认为仅用理智便足以掌控生活的人身上。他们假装自己无所不知，对什么都感兴趣。但是，这种假象也会在另一类人身上出现，只是更不易被察觉。这类人看似对某项事业全心投入，但他却并未意识到，自己只是将此作为垫脚石，以便获得成功、权力和物质利益。

虚假的诚实和公正。这种虚假在攻击型患者身上较为常见，特别是当他有明显的施虐倾向的时候。他看透了别人爱和善良的虚假，于是便认为，因为自己并没有伪善的坏习气，没有假装慷慨、爱国、孝顺等，所以自己非常诚实。事实上，他有着与此不同的伪善。他拒绝流行的偏见，或许正是因为其对传统价值观的盲目否定；他的否定或许只是因为他想让他人受挫，而并非因为他强大；他的坦诚或许只是想嘲笑和羞辱他人；在他所宣称的“公正”的外表下，可能掩盖着利用他人牟取私利的动机。

虚假的痛苦。关于这种虚假，有很多让人困惑的观点，所以我们必须对其进行详细的讨论。经验不足的分析师，以及坚守弗洛伊德理论的科学家，都认为神经症患者想要被虐待，想要忧虑，想要被惩罚。我们都知道是哪些资料在支持这一观点。但是“想要”这个术语实际上包含着诸多的理性罪恶。持上述观点的人并未理解——神经症患者的痛苦比他自己所知的要多得多，而且他所受的苦往往只有当他开始康复时才被他渐渐意识到。更确切地说，持上述观点的人似乎并不理解，只要未解决的冲突还存在，就必然会有痛苦，这完全不以患者的个人意愿为转移。如果一位神经症患者选择让自己的人格崩溃，显然是因为他内心的需要迫使他这样做，而并非他想让自己受伤害。假如他被打了一记耳光还会无意识地把另一边脸也凑过去，那才是真正的谦卑和宽容大度。其实他讨厌这样做，并会因此而看不起自己。但是，他非常害怕自己的攻击倾向，所以他必然会走向另一个极端，那就是让他人虐待自己。

夸大或戏剧化痛苦的倾向是另外一个促成神经症患者有受苦癖好的原因。患者为何会有受苦的感觉并将之表现出来？这可能确实是别有用心：或许为的是寻求关注或原谅，或许是无意识地用它来达到利己的目的，或许是用它来消除报复欲望。但如果考虑神经症患者内心的各种情感和认知，我们就只能认为这些是他达到某些目的的唯一途径。还有一个事实，那就是他常常为自己的痛苦找一些站不住脚的理由，所以给人的印象往往是他正在无缘由地沉浸在痛苦中。这样，他或许会闷闷不乐，并将烦恼归咎于自己的“过错”，而实际上，他痛苦的原因是真实自我不符合理想化意象。比如，在和爱人分开时，他会觉得非常失落，虽然他自己觉得是因为自己爱得很深，但真正的原因是他无法忍受独自一人的生活。最后，他可能会扭曲自己的情感，以为自己在备受痛苦的煎熬，实际上他是在发怒。例如，一个女人在爱人没有如约给自己写信时，会认为自己在承受痛苦，但实际上她是在生气，因为她希望事情的发展如自己所愿，或者是因为爱人对她的任何疏忽都会让她感到羞辱。在这个例子中，患者不愿承认自己的愤怒和造成这种愤怒的神经症内驱力，她宁可选择痛苦，并且她还强调这痛苦，因为它可以将整个关系中的不诚实掩盖。因此，在所有这些例子中，每位神经症患者表现出的都是一种无意识的假装的痛苦，没有谁真想要痛苦。

患者还形成了无意识的傲慢，这是一种更深层次的特定损害。这里我所指的是，患者将自己其实并不具备或很少具备的品质看成自己完全具备的，并据此无意识地认为自己有权苛求别人、轻视别人。任何神经症性质的傲慢都是无意识的，因为患者意识不到自己的要求是不合理的。这里的区别不是有意识傲慢与无意识傲慢的区别，而是过分虚心、谦卑下的傲慢与显而易见的傲慢的区别。区别并不在傲慢的程度，而是在患者表现出的攻击性的大小。在第一种情况下，如果别人没有自觉地给予他特权，他就会认为自己受到了伤害；在第二种情况下，他会公然要求特权。在这两种情况下都缺少的，是一种实事求是的谦卑，即承认——不只是在口头说说，在内心也是这样想的——所有人都不完美，都有缺点，自己也是一样。根据我的经验，所有患者都不愿意别人说起他们的缺点，他们也不愿去想自己的任何缺点，那些有潜在傲慢倾向的人更是这样。他宁愿苛责自己疏忽了某事，也不愿意像圣·保罗一样承认“我所知甚少”；他宁可责备自己粗心或懒惰，也不愿意承认人不可能一直保持良好的状态。潜在的傲慢最显著的表现就是在自责（以及随后的道歉）与内心愤怒（对他人批评或冷落的不满）之间出现了明显的矛盾。分析师如不特别留心观察往往是发现不了患者这种受伤的感觉的，因为过分谦虚的人很可能会掩藏起这些感觉。但实际上，他对人的苛求以及批评他人的尖锐，或许和公然傲慢的人完全一样。虽然表面上他如此谦卑地崇拜他人，但暗中他却希望他人同他一样完美，这意味着他从来没有真正尊重过他人的独特个性。

另一个道德问题是立场不明确以及随之而来的不可靠性。神经症患者常常根据自己的情感需要来决定自己对一个人、一个想法或者一项事业的立场，却很少能够根据客观情况去判断。但是，他很容易改变自己的立场，因为这些情感需要往往是相互矛盾的。正因为如此，许多神经症患者非常容易被外在因素左右，就像被无意识地收买了，而收买他们的往往是温情、名望、特权和“自由”。这适用于他们所有的人际关系，无论是与个人的关系，还是作为团体中的一员。患者常常不能说出自己对他人的感受或者看法，他的观点会被一些毫无根据的流言左右。一点儿失望或轻视，或其他让他产生这种感觉的东西，就足以让他同一个“极为要好的朋友”断绝关系。遇上一点儿困难，他的热情就马上消失，取而代之的是冷漠。仅仅是因为一些个人恩怨，他们就有可能改变宗教信仰、政治观点或者科学观。他们在私下讨论时可能立场鲜明，但是一旦权威或者团体施加一点点压力他们就马上改变了立场，而且他们经常不知道自己为何改变了观点，甚至根本意识不到自己的观点已经改变。

神经症患者可能会无意识地避免明显的摇摆不定，他采取的办法是不第一个表态或者“骑墙”，以给自己留有做选择的余地。他或许会以情况复杂为理由来使自己的这种态度合理化，或者会被一种强迫性的“公正”所支配。寻求公正无疑是很有价值的追求。另外，出于良知，一心想要公平，的确会让人在许多情况下都难以确定自己的立场。但是，公正也可以是理想化意象的一个强迫性属性，其作用正是让确定立场变得不再必要，并同时给人一种摆脱了偏见并变得超凡脱俗的感觉。处于这样的情况下，患者倾向于对双方观点“一视同仁”，认为两种观点实际上并没有矛盾，或在一场纠纷中，认为双方都是对的。这是一种虚假的客观性，它使得患者不能透过事物的表面看清问题的本质。

这种表现因神经症类型的不同有很大的不同。最大程度的正直存在于那些疏离型患者的身上，他们远离漩涡般的病态竞争和亲密关系，无论是“爱”还是欲望都很难诱惑他们。同时，他们的判断往往因其对生活的旁观态度而有一定的客观性。然而并不是每个疏离型患者都有自己的立场，他可能不喜欢争论或者表态，甚至自己心中也没有明确的立场。他不是含糊其辞，就是至多不管好坏，不管有根据还是没根据都记下来，却没有自己的看法。

攻击型患者却恰恰与之相反，他们似乎将我关于神经症患者一般很难有自己观点的论断推翻了，特别是当他自以为是、固执己见的时候，他似乎有一种超凡的能力——可以确定自己的观点，固守它们，并且捍卫它们。但是，这是带有欺骗性的。这种类型的患者之所以有明确的观点，往往是因为他固守己见，而并非他真的确信。由于这种固执能将他心中一切的疑虑消除，因此他的观点经常带有教条，甚至是盲目的特点。另外，在权力或者成功的诱惑下，他也可能改变自己的观点。他对支配地位和声望的渴求，使得他的可靠性极其有限。

神经症患者对责任的态度或许会让人难以理解，部分是由于“责任”这个词本身就有多种含义。它可以指尽职尽责地完成义务。从这种意义上说，神经症患者是否是尽责的，取决于他特定的性格结构——这并非所有神经症所共有的表现。对某些神经症患者来说，责任或许意味着只要自己的行为会影响他人，就要对自己的行为负责，但这也或许是控制他人的委婉说法。当这些患者认为“负责”就是应该承担责任、承受责备时，这种态度也可能只是一种愤怒的情绪——恨自己不是理想化意象的样子。所以，这种意义上的“责任”就跟责任一点儿关系都没有了。

对己负责到底意味着什么，如果我们对此能有清楚的认识，就会明白，让神经症患者来为自己负责，就算可能，也是相当困难的。

首先，这意味着患者要实事求是地向自己和他人承认自己的意图、自己说的话和自己的行为，并且愿意承担后果。这不同于撒谎和推卸责任。在这个意义上，让神经症患者对自己负责会非常困难，因为他往往不清楚自己在做什么或者为什么那样做，而且主观上也根本不想知道。这就是他为何常常想尽办法逃避责任的原因，比如，通过否认、忘记、疏忽，或者总是寻找其他理由，认为自己被误解了或者一时糊涂。他认为应该让自己的妻子、同事或者分析师对出现的困难负责，因为他总是倾向于让自己置身事外或干脆就认为自己没错。

还有一个因素也使他无法为自己行为引发的后果负责，甚至无法看到这种后果，那就是潜在的全能感。在这种全能感的基础上，他以为自己能够为所欲为，并且不需负责任。当他一旦意识到无法逃避后果，这种感觉便会被粉碎。

最后，还有一个因素，乍看起来似乎是一种思维缺陷——无法通过因果关系去思考问题。患者给人的印象通常是这样的，他们从来就只能围绕“错误”和“惩罚”两个词来思考。几乎所有的患者都觉得分析师在责备他，而实际上分析师只是在让他面对自己的冲突和后果。除了分析情境，其他时候他觉得自己像一个总是被人怀疑和攻击的犯人，所以经常心存戒备。实际上，这是一种外化了的内心活动。正如我们已经看到的，正是他的理想化意象引起了他的怀疑和攻击。正是这种戒备森严、草木皆兵的内心活动，再加上这些心理活动的外化，使患者几乎不可能在涉及自己的情况下考虑因果关系。但只要与他自身的困难无关，他就可以和其他人一样实事求是。比如，“天上下雨地上流”这种事，他会接受这种偶然的联系，而不是问这是谁的错。

我们所说的为自己负责，指的是坚持我们认为正确的东西，并在行动或者决定被证明是错误的时候勇于承担后果。但是，在一个人被内心冲突所分裂时，再让他做到这一点是很难的。

他到底应该或者能够坚持哪一种内心的冲突倾向呢？当他真正想要或者相信的东西并非它们中的任何一种时，他能够坚决捍卫的只有自己的理想化意象，且绝不允许其有任何错误。所以，如果他的决定或者行动出了乱子，他必须假装正确，并将不良后果推给别人。

为了更好地说明这个问题，我们举一个相对简单的例子。有一个身居要职的人，对无限的权力和威望充满渴望，并且团队里如果没有他，其他人什么事情都决定不了或无法完成。他不愿将自己的权责交给他人，即便这些人受过专业培训，而且有更好地处理这些事务的能力。他觉得，不管什么事，只有他最懂；他还不希望其他人觉得自己是团队中不可缺少的一员。他认为，只是因为时间和精力有限，他才无法满足自己的要求。但是，他既想要支配他人，又想顺从他人，做一个善良的人。正因有这些未解决的冲突存在，我们描述过的所有症状——惰性、嗜睡、犹豫不决和拖延等，就都在他身上出现了，这使得他无法安排好自己的时间。又因为他觉得守约是一种不能忍受的强迫，因此他内心其实很享受让别人等他。除此之外，他还做了许多无关紧要的事情，只是因为那样做能满足他的虚荣心。最后，他非常想成为一位好伴侣，这一愿望也耗费了他很多的时间和心思。他自然无法在团体中发挥出他的能力。但是，他却将责任推给他人或者外部环境，因为他看不到自己的问题。

我们再回到原来的问题上，他可以对他人格中的哪一部分负责呢？是顺从和讨好的倾向，还是支配倾向？首先，他对这两种倾向都一无所知。但即便他意识到了它们，他也做不到支持一个而舍弃另一个，因为这两者都是强迫性的。不仅如此，他的理想化意象只允许他看到自己有理想的优点和无限的能力，而不让他认清自己。所以，他不能为冲突带来的不良后果负责，因为那样做会暴露那些他一心想掩盖的东西。

一般来说，神经症患者非常不愿意——自然是无意识的——为自己行为的后果承担责任，并且对显而易见的后果也视而不见。他坚信——也是无意识的——自己足够强大，可以解决自己的冲突。他认为，后果应该是别人考虑的问题，在自己身上这个问题并不存在，因此他一直刻意回避认识因果关系。如果他愿意承认因果，那他就能从中学到很多东西，因为这种关系用一种非常简明的方式表明，他的生活方式有问题。虽然存在那么多无意识的狡猾和诡计，但丝毫改变不了我们精神生活中的法则，这些法则对我们的肉体同样有约束力。

事实上，神经症患者对责任这个话题丝毫不感兴趣。他只能看到或者隐约感觉到它消极的一面。由于回避责任，他渴求独立的愿望最后将会落空，这一点他开始时并不了解，只是在以后才逐渐懂得。他以为拒绝做出某种承诺就能够获得独立，而实际上，一个人获得真正的内心自由的前提条件正是承担责任并且对自己负责。

神经症患者会在下面三种方法中选择一种——更常见的是三种方法同时使用，以达到拒绝承认自己的问题和痛苦源自内心冲突的目的。他可能会充分运用外化这一方法，从食物、气候、健康到父母、妻子或者命运，任何事物都会被看作某种不幸的起因。或者他会认为，自己并没做错什么，无论哪种不幸降临在自己身上都是不公平的。他生病、衰老、死亡、婚姻不幸、子女身体不健康、工作得不到认可，这都是不公平的。不管这种想法是有意识的还是无意识的，都犯了两个错误，因为它不仅抹去了他应该承担的责任，还抹去了一切不取决于他但却影响他生活的因素。然而，这种想法也有自己的一套逻辑。这种想法是疏离型患者的典型想法，这种人心中只有自己，这种以自我为中心的观念使他不能把自己看成一个大链条中的小环节。他只是想当然地认为，他应该在某个特定的时间，某个特定的社会环境中享受生活中一切的美好，而不用把自己同他人联系起来，无论是好还是坏。因此他不明白，为何自己没有参与却还是免不了要受苦。

他拒绝承认因果关系，这是第三种方法。在他看来，所有事情的结果都是独立事件，与自己无关，也与自己的麻烦无关。举例来说，他会认为抑郁、恐惧是无缘由地降临到自己头上的。当然，这或许是因为他对心理学无知或者缺少观察。然而在分析中，我们可以看到患者极力否认任何有潜在可能的联系。他可能会对那些因果关系产生怀疑，甚至干脆忘掉它们。或者，他可能觉得分析师要把“责任”推到他身上，而并非要帮他解决紊乱——这才是他来寻求帮助的目的，所以他用各种狡猾的手段挽回自己的颜面。所以，患者或许已经意识到引发惰性的原因，但却拒不正视惰性的影响：他的惰性不仅耽误了分析工作的进展，还耽误了他要做的每一件事。或者，患者可能已经意识到自己对他人的攻击性倾向，但却不清楚自己为何会经常与人发生争执，为何自己不被人喜欢。这些烦恼于内心存在是一回事，生活中的实际问题又是另一回事。这种把内心冲突与冲突对生活的影响分开的举动，是整个区隔化倾向产生的主要原因。

患者往往拒绝面对自己的倾向及其产生的后果，而分析师也很容易忽视它，一来这种倾向和后果被神经症患者深藏于心底，二来对分析师来说，这种联系太明显了。患者认识不到这样做会对他的生活造成怎样的干扰，除非让他意识到他对结果的视而不见以及他为何要这样做。在分析中，最有效的治疗就是让患者意识到后果，因为这样做会让患者认识到，要想获得自由，只能改变内心的某些东西。

那么，假如神经症患者无法对自己的虚假、自大、自私和逃避责任负责，我们还能谈道德吗？有人会说，作为分析师，我们只需关心患者的病症和治疗即可，他的道德问题超出了我们的职责范围。也有人指出，抛弃“道德说教”正是我们应该提倡的一种科学态度，这是弗洛伊德最伟大的功绩之一。

这种饱受争议的科学态度真的经得起检验吗？在人的行为问题上，我们真的能够摒弃对是非对错的判断吗？尽管分析师有意识地拒绝承认，但是在决定什么需要分析、什么不需要分析时，难道不正是以道德判断为基础进行的吗？然而，在这些暗含的判断中有这样一种危险：这些判断有可能是建立在过于主观或者过于传统的基础上的。所以，分析师或许会认为，男人的放荡生活无须分析，而女人的却应该严加分析；或者，如果放荡生活在他的观念里是正常的，他反而会认为，无论男女，忠贞都是值得分析的。事实上，做出判断依据的应该是特定患者的神经症类型。在这里需要对一个问题——患者的态度是否对他的成长和他与他人的关系产生了不良的后果——做出回答。假如产生了不良后果，那这种态度就是错误的，需要纠正。分析师应向患者说明为何会得出这个结论，这样才能让患者自己拿主意。最后，前面所说的分析师的论点难道不是犯了患者在思维中所犯的错误吗？即认为道德只是一个判断问题，而不是一个带有后果的事实问题。我们以神经症性质的傲慢为例对这个问题做出回答。无论患者是否有责任，它的存在都是一个事实。分析师相信，傲慢是患者需要认识并最终克服的一个问题。难道分析师不是因为在主日学校学到：傲慢是一种罪过，而谦卑是一种美德，才抱有这种态度吗？或者，他判断的依据是，傲慢是不切实际的，且具有不良后果，而患者不可避免地要承担这一后果，无论他是否该对此负责。在这个例子中，傲慢的后果是患者无法认识自己，从而阻碍了自己的成长。而且，傲慢的人会不公正地对待他人，这一点又反过来影响了他自己——不仅会让他不时与他人发生摩擦，还会让他与他人渐行渐远，而这只会让他在神经症中越陷越深。因为患者的道德观一部分产生于其神经症，另一部分又用以维持神经症，所以分析师别无选择，只有关注患者的道德问题。

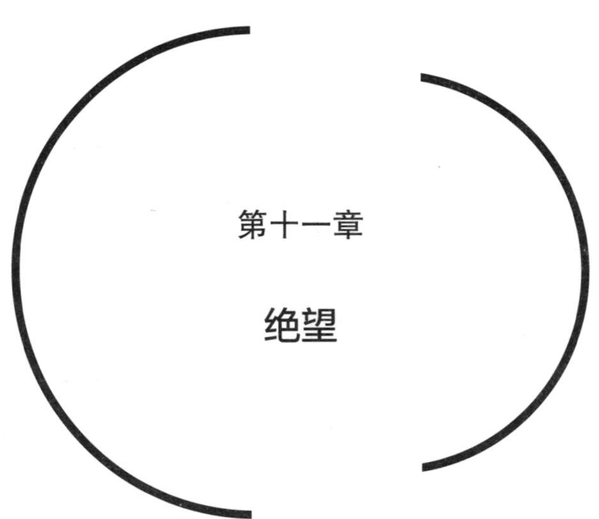

第十一章

绝望

虽然有冲突，但神经症患者偶尔也能从自己喜欢的事情中获得满足。只是他的快乐依赖的条件太多，所以不可能经常出现。比如，只有独自一人，或者与他人在一起，或者处于主导地位，或者得到所有人的认可时，他才能感到快乐。由于使他快乐的条件常常是相互矛盾的，所以他获得快乐的机会又进一步受限。比如，他或许愿意让另一个人当领导，但同时又对此不能释怀。又比如，一个女人或许会为她丈夫的成功感到自豪，但同时又因此而嫉妒他。另一个女人或许很愿意办一次聚会，但因为她对每件事都力求完美，所以在聚会开始前，她就因准备工作精疲力竭了。即使神经症患者真的获得了暂时的快乐，这种快乐也极易被他的各种弱点和恐惧破坏。

不仅如此，日常生活中常常发生的小意外在神经症患者眼里也会成为大灾难。一点点的失败都会让他陷入抑郁之中，因为即便失败是他不能控制的，也证明了他毫无价值。别人的任何评价都会让他忧虑和焦灼，即便这些评价没有丝毫恶意。结果，他变得更加不快乐、不满足。

如果再考虑另一个因素的影响，那这种本来已经足够糟糕的情况还会进一步恶化。只要还有一丝希望，人们就能忍受巨大的痛苦，但是，患者处于神经症冲突的相互纠缠中，不可避免地会产生一定程度的绝望，纠缠越严重，就越绝望。这种绝望或许深埋于患者的内心深处。表面上，患者或许一心按照想象或计划行动，以为这样就能使事情朝着好的方向发展：男性患者会想，只要他结了婚，就会有一个妻子，有一所大点儿的房子，有一位不同的上司；女性患者会想，假如她是男人，再年轻或者年老一点儿，再高一点儿或者比现在矮一些，那么一切就都会变得不一样。有时候，某些令他们不安的因素的消失的确会对他们有帮助，但更多时候，这些期望只是将他们内心的矛盾外化了，所以注定会让他们失望。神经症患者对外界的变化充满期望，希望它们能让这个世界变得更美好，然而，他们在进入每一个新的环境时，必然是和自己以及自己的神经症一起的。

建立在外部因素上的希望在年轻人中更为常见，这也是为何对年轻患者进行分析并不如预想中那么简单的原因。随着年龄的增长和希望的不断破灭，他们会更愿意从自身寻找不幸的原因。

即便绝望是无意识的，还是可以从患者的各种症状中推断出它的存在和强度。患者生活史中的某些经历或许能够说明他对失望的强烈反应远远超出经历本身所造成的影响。所以，一个人会陷入彻底的绝望，或许是因为青少年时期的单相思、朋友的背叛、考试失败和被无理地开除等。当然，我们首先会去探究，究竟是什么特殊原因使患者产生了这种强烈反应，但是除了这些特殊原因外，我们往往会发现，这些不幸的经历会引发更深的绝望。同理，一心想着死亡或者随时想自杀——无论是否采取了实际行动，都表明患者具有普遍的绝望，即使从表面看他们非常乐观。一种轻浮、拒绝严肃对待任何事情的态度无论出现在何时——平时或分析过程中，都是绝望的又一种表现。在困难面前极易失去勇气也是绝望的一种表现。被弗洛伊德归为负面分析反应的很多特质都属于此类。通过解决问题而获得新领悟的过程虽然或许非常痛苦，但也许能给患者提供一条出路，当然也可能会让患者灰心，并且不愿意劳心劳力地再去研讨一个新问题。有时候，这看起来似乎是因为患者不相信自己能克服那种困难，但实际上是他不相信自己能从中获益。在这些情况下，他自然会抱怨那些领悟只会让他害怕或者伤害他，并因此对分析师给他带来不安感到反感。

另外，患者固执地希望预见或者预言未来，这也是绝望的一种表现。虽然从表面上看这好像是对生活的焦虑，害怕遭遇不测，害怕犯错误，但我们很容易就能观察到，患者对未来往往抱着悲观的态度。很多神经症患者预见的多是坏事，很少有好事，就像希腊神话中的预言女神卡珊德拉一样。患者只关注生活中的黑暗面而不是光明面，这就提醒我们注意，无论患者的行为表现有多么理智，他的内心仍可能隐藏着深深的绝望。慢性抑郁是绝望的最后一种表现，它可以深藏不露，以至于让人觉不出它是抑郁。深受其苦的人或许生活得还不错，他们能很快乐，也能与其他人共度美好时光，但是，他们早上却需要几个小时的时间才能起床，因为他们要鼓起勇气振作起来，才能重新面对生活。生活是一种永恒的负担，对此，他们几乎已经习惯了，所以很少抱怨，但是，他们一直处于一种郁郁寡欢的状态。

虽然引起绝望的原因常常是无意识的，然而从某种程度来说，绝望本身是有意识的。患者或者有一种宿命感；或者对生活逆来顺受，不指望会发生任何好事，只是觉得必须忍受；或者用哲学理论来安慰自己，说生活根本就是悲剧性的，除了傻瓜谁都知道人的命运是不可改变的。

分析师在第一次与这种患者接触时就能感觉到他的绝望。患者不愿意做出哪怕一点点牺牲，不愿意有丝毫的不方便，不愿意冒任何风险，所以，他给人的印象可能是太过任性。但事实上，既然他不指望从牺牲中得到什么，自然觉得没有任何牺牲的必要。类似的态度在他平时的生活中也可以看到。他永远不满意自己身处的环境，但其实他只要做出一点儿努力，积极一点儿，就能改变这种现状，然而绝望已经使他无法行动，一点点困难在他那里都会成为无法克服的障碍。

有时候，他人一句无心的话就能使这种情况“浮出水面”。当分析师说某个问题还未得到解决，需要继续努力时，患者或许会这样回答：“你难道不觉得这种事情是没有希望的吗？”在渐渐意识到自己的绝望后，他往往会认为这并不是自己的责任，而将之归咎于各种外部因素——他的工作、婚姻和政治局势，但各种具体或者暂时的环境因素并不在此列。他感到绝望，认为自己会永远一事无成，或者永远得不到幸福和自由。他觉得自己永远也无法靠近那些会让他的生活富有意义的事情。

或许索伦·克尔凯郭尔已经做出了最为深刻的回答。他在《致死的疾病》一书中说，从根本上说，无法成为我们自己是一切绝望产生的根源。每个时代的哲学家都一再强调，成为我们自己有多么重要。这也是禅宗著作的一个基本主题。在现代学者中，我只摘引约翰·麦克马雷的话：“除了真正成为我们自己之外，还有什么更重要的事情呢？”

绝望是未解决的冲突的最终产物，其最深的根源在于患者不再对保持自己的人格统一不被分裂抱有希望。导致这种状况出现的神经症有很多种。患者最基本的感觉是自己深陷在冲突之中难以逃脱，就像笼中之鸟。他们试图解决冲突，并做了很多尝试，然而这些尝试都失败了，还使得他们与自身更加疏离，且重复的经历也使他们陷入更深的绝望。患者的尝试一次次失败，原因可能是他们的精力一次又一次地分散在过多的方面，也可能是一进行创造性工作就会遇到困难，从而阻碍了他们的努力。甚至这样的状况也出现在他的恋爱、婚姻和友谊中，他所有的努力都以失败告终。这让他心灰意冷，就像做实验用的小白鼠们看见笼子外有食物，可跳了好多次也吃不着。

不仅如此，患者还承受着另一种绝望——无法成为理想化意象的绝望。这是不是引起绝望的最重要的原因还不好说，但在分析中，当患者逐渐意识到自己和想象中的完美形象还有很大的差距时，他的绝望便会很明显地表现出来，这是毫无疑问的。这时的绝望，不仅是因为无法达到那些幻想的高度，还因为这种绝望让他非常自卑，让他预感到，无论是爱情还是工作，只要是他想要的，他都无法得到。

最后，使患者感到绝望的，还有一个原因，那就是将重心从自己身上转移到了外部，所以丧失了生活的原动力。这样一来，他就失去了自信，失去了作为健全人所具有的信念。他开始自暴自弃，这种态度虽然不容易被人察觉，但它却能产生非常严重的后果，足以被称为精神的死亡。正如索伦·克尔凯郭尔所说："虽然他很绝望……然而他或许……有能力继续生活下去——作为一个人——至少看起来是这样，让自己一直忙碌于尘世的事务，结婚、生子、赢得声誉和地位。或许没有人会注意到，在深层的意义上，他是没有自我的。像这样的小事，世人并没有兴趣，因为世人最不屑一顾的东西就是自我。让某个人意识到他有自我，对他来说简直是一种灾难，而最大的灾难，就是他丧失了自我。这种事可能会悄无声息地发生，就像什么都没发生过。相比之下，任何其他的损失，不管是一只胳膊、一条腿，还是五元钱、一位妻子等，倒是会引起很大的动静。"

我根据自己的观察经验认识到，绝望这个问题经常被分析师忽视，所以就没有得到恰当的处理。患者的绝望也"传染"给了我的一些同行，他们也变得绝望，原因就在于他们即便意识到了绝望，也没把它当回事儿。这种态度对分析工作肯定会产生灾难性的影响，因为无论分析师有多高明的医术或付出了多大的努力，患者还是会觉得分析师已经放弃了对自己的治疗。

类似的情况在平时的生活中也会出现。比如如果有人不相信同伴有潜力，那么他是不可能成为其真正的朋友或者同伴的。

有时候，我的同行对患者的绝望视而不见，他们所犯的是与上述错误刚好相反的错误。他们觉得患者需要鼓励，于是就给他们鼓励。这样做固然值得称赞，但是还很不够。当分析师这样做时，患者即便会对分析师的好意心存感激，但依然会生气，因为在内心深处病人知道，善意的鼓励是无法消除他的绝望的。

为了抓住问题的关键，直接对其进行处理，我们有必要首先从上面提到的间接表现中识别出病人的绝望，及这种绝望到了哪种程度。然后，我们必须理解，他的绝望完全来源于他内心的纠结。分析师必须意识到这一点，并且清楚地告诉患者，只有当他的现状一直在持续且他认为不能改变的时候，他的神经症才是不可救药的。我们可以用契诃夫的喜剧《樱桃园》中的一幕来对这个问题进行说明。面临破产的一家人，一想到要离开他们心爱的樱桃园，就感到伤心和绝望。一个顾问给了他们一个很好的建议，那就是把樱桃园的树砍掉，盖一些别墅来出租。他们迂腐守旧，不能接受这个建议，却又找不到其他的解决办法，所以一直陷于伤心和绝望中无法自拔。他们就像根本没听过这个建议似的，绝望地问：难道真的没有人能够帮助我们吗？假如他们的那位顾问是一位分析师，他会说：“这种局面当然是非常困难的，但是真正让你们绝望的，是你们自己对它的态度。假如你们能考虑改变自己对生活的要求，就没有必要再感到绝望了。”

对患者真能改变，以及他能解决自己的冲突是否有信心，决定了分析师是否敢于解决问题，是否有足够的把握成功做到这一点。在这一点上，我与弗洛伊德的观点有明显的不同。从弗洛伊德对人类未来以及对分析疗法的态度上可以清楚地看出，他的心理学及哲学在本质上是悲观的。在他的理论基础上，只有悲观主义，除此之外别无他路。在他看来，人是受本能驱使的，本能至多只能通过“升华”而获得改变；人满足本能的欲望必将在社会中被挫败；他的“自我”被无情地在本能与“超我”之间抛来抛去，这种“自我”本身也只能被调节，而“超我”的主要功能是压抑、破坏，真正的理想是根本不存在的。希望实现自我是一种“自恋”，破坏性是人的本质，“死亡本能”迫使人要么将他人毁灭，要么自己承受痛苦。弗洛伊德的这些观点都不承认积极的态度可以使人改变，因此也就限制了他研究出的那种极具发展前景的疗法的价值。相比而言，我认为，神经症中的强迫性倾向来自人际关系的紊乱，而并非出于人的本能。一旦人际关系得到改善，这些倾向也就随之发生改变，由此产生的冲突也可以得到解决。这并不是说我所提倡的分析法没有丝毫局限。要清楚地界定这些局限，还需要做很多工作。但我认为，我们有充分的理由相信，根本的改变是可能发生的。

那么，为何认识和处理患者的绝望如此重要？首先，这种方式在处理比如抑郁、自杀等特殊问题时有非常大的价值。确实，要想治愈患者的抑郁，我们只需找出正在折磨他的那种冲突，而不必触及他的一般性绝望。但是，要想防止抑郁复发，就不得不触及这种绝望，因为它是抑郁的深层来源。如果找不到这个来源，患者的慢性抑郁就无法彻底治愈。

对自杀倾向的处理亦是如此。我们知道，绝望、挑战和报复等因素都能诱发自杀冲动，但是在冲动明显化之后再去阻止自杀，往往就太晚了。假如我们能够加倍注意患者哪怕最不起眼的绝望，并在恰当的时机同他一起讨论和分析解决他的问题的方法，很多自杀是有可能避免的。

更具有普遍意义的是，患者的绝望会严重阻碍神经症的治愈。弗洛伊德倾向于将一切阻碍患者病情好转的东西都称为“阻抗”，但是我们却很难这样看待绝望。在分析中，我们必须处理阻碍与推进、阻抗与激励之间的相互作用。阻抗是一个集合名词，代表患者内心想要维持现状的一切因素，或者可以说，患者的动力来源于其内心的一种建设性的力量，这种力量促使他获得内心的自由，可以帮助他克服阻力，并让他更富活力，同时也给了分析师一个更好地理解他的机会。它赋予患者无穷的力量，以承受成长一定要经历的痛苦。它让患者甘愿冒险将曾带给他安全感的态度放弃，且愿意用新的态度对待自己和他人。分析师无法勉强患者完成这一过程，患者必须自己想要完成才可以。正是绝望阻碍了患者这种宝贵的力量，所以如果分析师未能认识到这种力量从而加以引导，他就失去了与患者的神经症做斗争的最好盟友。

想用一个简单的解释就解决患者的绝望是不可能的。假如患者开始意识到绝望是一个最终能够解决的问题，而不再被宿命感左右，不再认为什么都不能改变，那我们就已经取得了实质性的进步。患者会在这一步的基础上继续前进。当然，在这个过程中会有起伏和曲折，比如，一旦有了一些领悟，患者可能会变得乐观甚至盲目乐观，而一旦遇到更严重的问题，他就会再度被绝望包围。虽然这个问题每一次都要重新面对，但是其对患者的影响会逐渐减小，因为他开始意识到自己确实可以改变。他的动力也随之增强。在分析工作开始时，这种动力或许只是想要摆脱不安症状的小小愿望，但一旦患者越来越清晰地意识到他的桎梏，尝到了自由的滋味，他的动力就会越来越强。

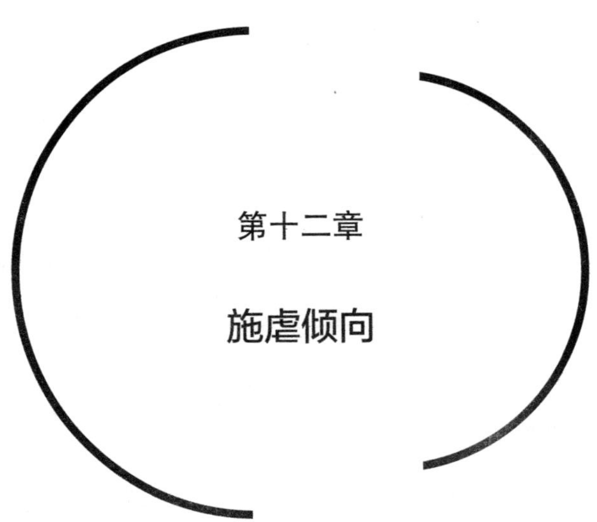

第十二章

施虐倾向

被绝望掌控的神经症患者，常常会想方设法用各种各样的方式继续“支撑”下去。如果创造力未被严重破坏，他们或许可以继续忍受生活，并且将全部心思放在可以让他们有所收获的事情上。他们或许会沉浸在某种社会或者宗教活动中，或热心于为某个组织工作。他们的工作可能是有用的，虽然他们或许没有很高的热情，但也并未因此而影响工作，也就无伤大体了。

还有一些人在让自己适应特定的生活方式时，便不再质疑这种生活方式，可也不会赋予它太多意义，而仅仅是为了完成自己的义务。约翰·马昆德在其小说《时间太少》中曾描述过这种生活。这也是被埃利希·弗洛姆描述为“匮乏”的状态，他将其与神经症区别对待。不过，我认为这种状态是神经症的产物。

还有一些人，他们或许会放弃一切认真的或者有前途的追求，转而将自己置身于生活的边缘地带，并想从中获得一点点快乐；或者在美食、美酒等爱好，以及风流韵事等偶然的趣事中寻找快乐；或者可能会随波逐流，自暴自弃，最终彻底崩溃。由于不能从事稳定的工作，他们追求吃喝玩乐。查尔斯·杰克逊在《失去的周末》一书中描述的酗酒的状态，就是以上这种状态在晚期所表现出的症状。说到这一点，不妨考查一下这种可能性：患者无意识地让自己分裂，是否会从精神上促进肺结核、癌症等慢性疾病的发生？

最后，那些绝望的患者会变得具有破坏性，同时又尝试通过代偿性的生活来得到补偿。在我看来，这就是施虐倾向。

由于弗洛伊德将施虐倾向看成人的本能，所以所谓的施虐倒错就成为精神分析的研究重点。分析师们并未忽略日常生活中的施虐倾向的表现形式，不过他们也未对其进行严格定义，他们将每种独断或者具有攻击性的行为都看成对本能的施虐倾向的修正或者升华。比如，争权夺利就被弗洛伊德视为一种升华。的确，有些人可能会因对权利的追求而变得施虐成性，但是，如果一个人把生活看成所有人都在争斗的战场，那么他对权利的追求就仅仅是一种生存竞争，而与神经症无关。缺少这种区分，我们就既不清楚施虐倾向会表现为哪种形式，也不知道具体什么样的行为才是施虐行为。要判定哪些表现是施虐倾向，哪些不是，靠的几乎完全是个人直觉，这自然对进行准确的观察没有丝毫帮助。

伤害他人这种行为本身并不足以说明一个人具有施虐倾向。一个人一旦陷入个人的或者一般性的竞争中，就好像不得不伤害他的对手，甚至他的同伴。他对他人的敌意或许仅仅是出于自卫。一个人可能觉得自己受到了惊吓或者伤害，所以想要反击，虽然反应或许会过度，但他主观上却觉得这是理所当然的。然而，在这个问题上，我们很容易自己骗自己。我们自认为很多反应都是合理的，但实际上却是施虐倾向在起作用。尽管对这两者进行区分有一定难度，但是这并不意味着敌意这种反应是不存在的。尽管攻击型患者会用各种方法攻击他人——他觉得自己是在为生存而斗争，但是我并不打算把这些攻击行为看成施虐行为，尽管在这个过程中有人受伤，不过这种伤害或者破坏只是必然会有的副产物，而并非他们的初衷。简言之，虽然这里提到的行为具有攻击性，甚至敌对性，但做出这种行为的人并没有卑劣的用心，也并未从伤害他人的行为中有意识或者无意识地获得快感。

接下来，让我们对典型的施虐态度进行探讨。在那些不加掩饰地表现出施虐倾向的人身上，我们能看到这种态度，不管他们自己是否意识到了这种倾向。在下面的论述中，我所提到的施虐狂，指的是经常对他人抱有虐待性态度的人。

这样的人可能想要奴役他人，尤其是他的伴侣。他的“受害者”必须是一个完美的奴隶，既没有自己的愿望、感觉和主动性，对主人也没有任何要求。这种施虐倾向可能表现为随意地塑造或者教育“受害者”，就像《皮格马利翁》中的希金斯教授塑造伊莉莎一样。这种行为或许会有一些建设性的作用，比如父母教育孩子，老师教导学生等。这种作用偶尔也会在性关系中存在，特别是当施虐的一方更加成熟时。有时候，这种关系会存在于一年长一年轻的一对同性恋中。但即便如此，如果“奴隶”有任何想另找出路、自行交友或者追求自己的兴趣爱好的迹象，主人就会露出本来的狰狞面目。主人常常无法摆脱对占有性的嫉妒的折磨，并将其作为折磨“奴隶”的一种手段。这种虐待关系有一个特点，那就是和对生活的兴趣相比，主人对控制“受害者”的兴趣要大得多，也就是说，他不愿伴侣获得独立，为此他宁愿忽略事业或者放弃交友的乐趣和好处。

施虐者奴役伴侣的方式大同小异，但也有各自的特点，这是由双方的性格结构决定的。施虐者会对伴侣足够好，使他觉得这种关系值得继续下去。施虐者会满足伴侣的某些需求，虽然这些需求只能达到其精神生活的最低标准，但却让其感受到他的这些给予是独一无二的。他会告诉伴侣，没有人能够像他这样理解她、支持她，给予她这样大的满足和乐趣：“真的，没有别人能够忍受你，除了我。”此外，他或许还会用美好的未来引诱伴侣继续这段关系，比如，他会明示或暗示，他会保证一直爱她并和她结婚，给她更多的钱、更好的生活等。有时候，他会说他非常需要对方，以此来取悦伴侣。施虐者用这种占有以及对其他人的贬损使他的伴侣与他人分隔开，并将其孤立起来，因此这些策略都是非常有效的。如果伴侣足够依赖施虐者，施虐者又或许会威胁对方要离开。或许，施虐者的恐吓方法还有很多，不过这些方法各有各的特点，我们会单独讨论。当然，我们无法理解在这段关系中到底发生了些什么，因为我们并未考虑伴侣的性格特点。这些伴侣——受虐者，经常是顺从型的，所以害怕被抛弃。这种情况我们在后面会讨论。

这种关系产生的相互依赖不仅会使受虐者憎恨，也会使施虐者不满。假如施虐者的疏离需要比较强，他会对受虐者花费了他如此多的心思和精力特别不满。他并未意识到这些束缚是他自己创造出来的，所以他可能会责备伴侣对他过于依赖了。在这样的情况下，他想要脱身离去的意愿既是他恐惧和不满的表现，也是恐吓伴侣的一种手段。

并不是每个施虐狂都渴望奴役他人。还有一类施虐狂，他们喜欢玩弄人的情感，并从中获得快感，就像玩弄乐器一样。索伦·克尔凯郭尔在其小说《诱惑者日记》中描述了一个对自己的生活一无所求的人是怎样完全沉浸在这个游戏之中的：他知道应该在何时表现得深感兴趣，何时表现得异常冷漠；他可以极为准确地预知和观察女孩们对他的反应；他知道怎样激起她们的情欲，也知道如何抑制。然而他的这种敏感只限于满足施虐性游戏的需要，这样做会对那些女孩的生活产生什么影响根本不在他的考虑范围内。在索伦·克尔凯郭尔的小说中，有意识的精明算计往往是无意识的，但它们都有如下的共同点：吸引与排斥、诱惑与失望、赞扬与贬低，它既能带来快乐，也会造成痛苦。

施虐狂还有一个特点，就是他们会利用伴侣，这是一种非常自私的行为。他或许只是想获得一些好处，而并不一定是出于施虐的目的。在这种利用中，获得好处可能只是其中的一个目的，但“好处”常常是一种错觉，且同他付出的努力完全不成正比。对施虐狂来说，利用本身就足以让他充满激情，更重要的是，能让他获得从他人那里占了便宜的快感。这种施虐特性在其利用他人的手段上表现得尤为明显。施虐者直接或者间接地控制着受虐者，不断地给他提出高要求，并且使他在不能满足这些要求时觉得内疚或者羞愧。施虐者总能找到自己受了不公平对待的理由，并借此提出更多要求。在易卜生的戏剧《海达·高布乐》中，我们可以看到，即便这些要求得到了满足，施虐者也不会表示感激，他只想利用这些要求伤害他人，并借此达到自己的目的。这些要求可能与物质方面的东西有关，也可能是性、职位，又或者是施虐者想要得到受虐者的特别关注、忠贞不渝和逆来顺受。这一切的要求在内容上没有任何的不同，都是施虐者想让受虐者用尽一切办法填补其空虚的情感生活。这也清楚地表现在海达·高布乐的身上，她不断地抱怨生活枯燥乏味，缺少刺激和兴奋。她从伴侣的身上获取活力来滋养自己，就像吸血鬼一样。这种渴求往往是完全无意识的，但这很可能就是想要利用他人和有求于他人的根本原因。

一旦我们意识到，施虐者还有一种想挫败他人的倾向，就能更清楚地看到利用的本质。说施虐者从来不想给予，这是错误的。在某些情况下，他甚至特别慷慨。施虐者的特点不是吝啬到什么都不想给予，而是一种虽然无意识但却很主动的冲动，他们想要挫败他人，让他们不再快乐，让他们灰心和失望。受虐者的任何满足或者快乐都会使他恼怒，他会用尽方法挫败受虐者，或破坏受虐者的快乐。比如，如果伴侣想要和他见面，他就会很冷漠；如果伴侣想要过性生活，他就会表现得非常冷淡。他甚至任何事情都不做，或者只是嘴上说说。他总是非常抑郁，一言一行都让人感到压抑。用英国作家奥尔德斯·赫胥黎的话来说就是：“他不用做什么，只要成为自己就行了。他的枯萎状态感染了他们，使他们变成了黑色。”他还说：“这是多么优美精致的权力意志，多么优雅的残忍啊！这又是一种多么让人吃惊的天赋！ 这种忧郁有这样强烈的感染性，即使最高昂的精神都因此变得沮丧，任何可能的欢愉都会被扼杀。”

施虐者的另一个倾向是贬低和羞辱他人。他非常热衷于发现并指出别人的缺点和弱点。仅凭直觉，他就能知道别人的敏感之处和薄弱点。他乐于无情地贬斥和羞辱他人。他或许会将自己的这种行为合理化，觉得自己这样做是诚恳和乐于助人；他可能会觉得自己之所以感到不安，是因为不信任他人的能力和正直，然而当有人问他这样做是否真的是因为不放心时，他就会恐慌。

对他人抱有不信任的态度也是患者这种倾向的一种表现。他会说：“如果我能相信那个人就好了！”但是在他的梦中，那个人不是变成了蟑螂，就是变成了老鼠，或其他恶心的东西，他又怎么会相信呢？换句话说，不信任他人或许源于他内心对他人的轻视。施虐者或许意识不到自己对他人的轻视，却能意识到自己对他人的不信任。这样说好像更恰当：这不只是一种倾向，还是一种吹毛求疵的欲望、怪癖。他无时无刻不在紧盯着他人的缺点，且特别善于外化自己的错误，将责任推给他人。比如，如果他人因自己的行为感到不安，他会马上向其表示关心；如果被吓到的人对他不坦率，他会谴责对方在保密或者撒谎，会责备对方对他过于依赖，而没有意识到，对方变成这样正是他造成的。这种暗中贬损不仅表现在言语上，有时还伴随着各种蔑视行为。此外，有辱人格的性行为也是它的表现之一。

这些倾向一旦受挫，或者局面发生倒转，施虐者会觉得自己受到了别人的支配、利用或者侮辱，他会怒不可遏。在他的意识中，不管怎样折磨冒犯者都是正常的——他可能对他又踢又打，甚至将他置于死地。这些施虐性的愤怒随后可能被他自己压制住，但压制后就会造成极端的痛苦和身体机能失调，导致其内心紧张程度提高。

那么，这些施虐倾向意味着什么呢？患者内心究竟有怎样的迫切需要，才会驱使他做出这样残忍的事？那种关于“施虐倾向只是倒错的性驱力”的假设是毫无道理与逻辑的，尽管施虐倾向或许会在性行为中有所表现。一般来说，所有的病态倾向都无一例外地会在性行为中表现出来，就像它们必然会在我们的工作方式、步态和笔迹中出现一样。的确，很多施虐表现都会伴有某种兴奋，或者就像我多次说过的，带着一种引人注意的热情。然而，假如就此得出结论——“这些激动或者兴奋在本质上都是性欲”，那就与“所有的兴奋都是性兴奋”这一观点犯了一样的错误，因为找不到任何证据证明这种观点是正确的。从现象学来说，施虐兴奋和性狂热这两种感觉在本质上是截然不同的。

施虐冲动是幼儿虐待倾向的一种延续，这样的断言有一定的吸引力，因为小孩常对动物或者更小的孩子表现得非常残忍，并且好像能够从中得到乐趣。看到这种表面的相似性，有人或许会认为是孩子那种残忍发展成了成人的施虐冲动，但实际上并不是这样，成年人的残忍是与其不同的另外一种倾向。正如我们已经看到的，和孩子的残忍相比，成人的虐待表现有其独特的特点：孩子表现出的残忍好像仅仅是对压迫或者羞辱的简单反应，报复比自己弱小的人只是他用来肯定自己的一种手段；而成人的施虐倾向更为复杂，且根源也更为复杂。此外，上述观点像每一种试图用儿时的经历来解释成人的反常表现的理论一样，都在对一个重要问题避而不答：导致这种残忍持续和发展的因素到底有哪些呢?

上述观点仅仅抓住了施虐狂的某一个方面，或是只看到性，或是只看到残忍，但它们甚至连这两种特点都没解释清楚。埃利希·弗洛姆的观点也存在同样的缺陷，虽然和其他解释相比，他的观点更加接近问题的本质。弗洛姆指出，施虐狂并不想毁掉自己所依附的那个人，只是由于他不能活出自己的人生，所以必须利用受虐者来完成一种共生性的生存。这自然很正确，不过依然无法充分解释为何一个人会被强迫着去干涉他人的生活，或者说明这种干预为何会采取这种特定的方式。

假如我们将施虐倾向看成一种神经症症状，我们就应该尽力去研究引发这种症状的人格结构，而不是以试图解释症状作为开始。当从这个角度看待问题时，我们就会认识到，所有有着显著施虐倾向的人都认为自己的生活是没有意义的。对这种潜在的状况，人们其实早在通过临床检查发现这种病症之前就已经感觉到了。在海达·高布乐和其诱惑者身上，几乎没有任何成就一番事业或者让自己的生活充满意义的可能性。在这种情况下，假如一个人因找不到妥协之路而不得不继续忍受下去，他必然会变得对一切充满憎恨。他会觉得自己永远被排斥，永远吃败仗。

由此，他开始憎恨生活，憎恨生活中一切积极的东西，而伴随这种憎恨的是一种欲求不满的强烈嫉妒——就像那种自认为被生活遗弃了的人所怀有的仇恨和嫉妒。这种状态被尼采称为“Lebensneid”，也就是“在嫉妒中生活”。这种人认识不到他人也有不幸：当“他们”坐在餐桌旁时，他在忍饥挨饿；“他们”在恋爱、创作、享乐，在享受健康和安逸，并且有归宿……“他们”的幸福和对快乐的追求只会激怒他。如果他不能拥有幸福和自由，为何“他们”可以？用陀思妥耶夫斯基的小说《白痴》中的话来说，他不能原谅他们的幸福，他必须践踏他们的快乐。小说中罹患肺结核的那位老师的行为就很好地体现了这种态度，他在学生的三明治上吐痰，并且因为自己能够欺负他们而沾沾自喜。这是一种心存怨恨的嫉妒性的有意识行为。在施虐狂身上表现出的挫败和击垮他人兴致的倾向，通常是极其无意识的，但其目的与那位老师的一样卑劣，那就是将自己的痛苦强加到别人身上。如果他人像他一样失败和堕落，他就不会那么痛苦了，因为他会觉得不是只有自己一个人在受苦。

还有一种方法可以缓解他那让自己深感痛苦的嫉妒，那就是“酸葡萄”策略。这种策略被他运用得非常高明，简直无迹可寻，以至于即便是训练有素的观察者也非常容易受骗。事实上，他的嫉妒埋藏得很深，所以当有人提及时，他就会表现得不屑一顾。他对生活中痛苦、沉重或者丑恶一面的专注不仅表现出他的怨恨，还表现了他有心向自己证明自己有多么明察秋毫。他处处挑他人毛病和贬低他人的做法，在一定程度上也源于此。比如，他会特别注意一个漂亮女人身上不完美的部分；进入一个房间时，他的目光会停留在与其他地方不协调的一种颜色或者一件家具上面；他会在一场出色演讲中找到不足之处。同样，他能时刻发现他人生活中的错误、性格中的缺陷或者动机中的不轨等。如果他老于世故，他会认为自己有这种倾向是因为自己对不完美极度敏感，但实际上，他只是专注于这些方面，而对其他方面却视而不见。

虽然他成功地缓解了自己的嫉妒，释放了自己的愤怒，然而，他这种处处贬低他人的态度反过来又产生了一种持续的失望和不满的情绪。比如，假如他没有孩子，他会觉得他缺少人生中最为重要的体验；假如他有孩子，他想到的是沉重的负担和责任。假如他没有性关系，他会觉得自己被剥夺了什么，并且对禁欲的危险忧心忡忡；假如他有性关系，他又会觉得可耻。假如他无法旅行，他会认为被迫待在家里非常没面子；假如他有机会旅行，他又会因为其中的不方便而烦恼。因为他从未想过他长期的不满情绪或许来自自身，所以他觉得自己有理由让他人明白他们如何让他失望，他还认为自己有充分的向他人提要求的理由，而即便这些要求得到了满足，他也不会满意。

充满仇恨的嫉妒、贬低他人的倾向以及由此而产生的不满情绪在某种程度上解释了施虐倾向。现在，我们理解了施虐狂为何会想方设法挫败他人，给他人带去痛苦，找他人的毛病，向他人提出无法得到满足的要求。但是，除非我们意识到是他的绝望影响了他，否则我们是无法理解他的施虐倾向造成的破坏程度和他盛气凌人的自以为是的。

尽管违背了人类美德最基本的要求，但是，在他心中依然有一个符合高尚和严格的道德标准的理想化意象。这类人因为永远达不到这些标准而感到绝望，于是就有意识或者无意识地决定自暴自弃，并且在这种绝望的快感中沉溺。这和我们之前谈到过的一类人是完全一致的。他这样做只会加大理想化意象与实际自我之间的裂痕，使其无法弥合。他认为自己已经无可救药，也不会被原谅。他的绝望变得更深，觉得自己没有可以再失去的东西了，并且变得不顾一切。只要这种状态持续下去，他对自己就绝不可能有一种建设性的态度。每一个想让他变得积极向上的尝试都必然是徒劳的，反而说明这些尝试的实施者丝毫不了解他的状况。

他的自我厌恶使他无法正视自己。他必须比现在更自以为是，以使自己免受这种自我厌恶的伤害。他人的一点儿批评、忽视，或者未给予他特别的重视，都会引发他的自卑，因此他必须将这些看成不公平的从而拒绝接受。攻击他人已经成为他保护自己的一种方式。这一过程可以用我们此前引用的例子来说明，即一个女患者指责她的丈夫优柔寡断，而当她意识到她实际上只是在对自己的优柔寡断感到愤怒时，她恨不能将自己撕成碎片。

从这个角度来看，我们就能理解为何有施虐倾向的人一定要贬损他人，也能看到这种逻辑带有强迫性，疯狂地想要改变他人，至少是改变他的同伴。因为他达不到他的理想化意象的要求，因此他的同伴必须达到；当同伴也达不到时，他会在同伴身上发泄自己无情的愤怒。施虐者偶尔也会问自己：“为何我无法对他放任不管呢？”但是很显然，这种理智的考虑一点儿用也没有，因为内心的冲突还在持续并且被外化。那些他施加于同伴身上的压力常常被他合理化为“爱”或者“关心同伴的成长”。不用说，这并不是爱，也并不是旨在让同伴按照自己的天性和内在规律发展的对同伴的关心。事实上，他是试图将实现他的理想化意象的任务强加给同伴。在这样做的时候，他那为了防御自卑而形成的自以为是的态度让他显得得意扬扬。

理解了这种内心的斗争，我们就对施虐症状中另一个更具普遍性的因素——报复性，有了更为深刻的认识，它像毒药一样渗进施虐者的每一个细胞。他必须报复，因为只有这样才能将强烈的自卑从自己的内心世界赶出。由于自以为是，他看不到所有的问题都同他自身密切相关，于是他便认定自己是受虐和受害的一方；由于看不到绝望都源于自己的内心，所以他将责任都推到他人头上。在他看来，是他们毁了他的生活，因此必须补偿他，对于发生在他们身上的一切他们都必须接受。正是这种报复心理扼杀了他所有的同情和仁慈。他会认为：为何我要同情那些毁了我生活的人？何况他们过得比我还要好。在面对不同的人时，他的报复欲望也是不同的，比如，在面对他的父母时，他或许就可以意识到这一点。但是，他没有意识到的是，报复是一种弥漫性的性格倾向。

根据我们目前的观察，施虐患者是这样一种人：他们觉得自己被别人排斥，注定失败，于是便为所欲为，盲目地将自己的愤怒发泄到他人身上。我们现在也理解了，他是试图使他人痛苦，从而缓解自己的痛苦。但这还不是全部的解释。破坏性并不足以解释施虐者所特有的狂热追求，一定还存在对施虐者来说非常重要的好处才会迫使他做出施虐行为。这种说法好像和之前的“施虐行为是绝望的产物”这一假设相矛盾——一个绝望的人怎么可能还会有希望、追求，并且还有这么强烈的愿望呢？但实际上，施虐者主观上认为，他的确可以从中得到很多东西：通过贬低他人，他不仅使自己无法忍受的自卑得到了缓解，而且同时给了自己一种优越感；通过影响他人的生活，他不仅得到了令自己兴奋的操控感，而且找到了生活的替代意义；通过在情感上利用他人，他为自己提供了一种代偿性的情感生活，从而使自己的无聊感得到了缓解；通过打败他人，他得到了一种胜利的喜悦，从而掩盖了自己无可救药的失败。这种对报复性胜利的渴望可能就是他最强烈的行为动机。

他的每一个追求也同样可以认为是源自他对激动和兴奋的渴求。一个健康、心理平衡的人并不需要这些刺激，一个人越成熟，就越不关心这些。然而，施虐者的情感生活是空虚的，除了愤怒和挫败他人的喜悦外，其他情绪几乎都被压抑了。他是如此麻木不仁，以至于需要用这些强烈的刺激来证明自己还活着。

最后还有一点非常重要，那就是在同他人打交道时，虐待他人的行为为他提供了一种力量感和自豪感，这进一步巩固了他无意识的全能感。患者对自己的施虐倾向所持的态度在分析过程中会发生深刻的变化：当他首次意识到这些倾向时，他对它持有的或许是一种批评的态度，但是他的拒绝只是在口头上对大众认可的标准给予承认，而并非出于真心；有时他或许有自我厌恶的感觉，但是当他打算将虐待狂这种生活方式放弃的时候，他又可能觉得自己即将失去一个珍贵的东西，然后他会初次有意识地体验到为所欲为给他带来的快感。他或许有这样的担心——分析会将他变成一个可鄙的弱者。和我们经常在分析过程中见到的其他顾虑一样，这是有其主观根据的：在分析后，患者将不再有迫使他人满足自己情感需要的能力，这让他觉得自己既可怜又绝望。在某个时刻，他会意识到，他在虐待他人的过程中得到的力量感和自豪感只是可怜的替代品，但是，他依然觉得这种替代品对他非常重要，因为他得不到真实的力量和自尊。

认识到这些“成就”的本质后，我们就会明白，一个绝望的人会热切地追求某种目标的说法与前面的断言并不矛盾。不过，他希望找到的东西并非更多的自由或者自我实现，而造成他绝望的因素也并没有发生改变，他也并未指望它能改变。毕竟，那些替代品才是他所要追求的。

通过替代的方式，他在情感上也有所“收获”。施虐意味着带着攻击性和破坏性生活，而且是通过他人实现的。对于一个彻底的失败者来说，这是他能够采用的唯一的方式。是绝望使得他在追求目标时不顾一切。他只能索取，因为他再也没有什么可失去的。在这个意义上，施虐者的努力有一个积极的目标，应该被看成一种求得补偿的尝试。施虐者之所以如此疯狂地追求目标，是因为他能在战胜他人的过程中将自己的失败感暂时忘掉。

但是，这些努力中的破坏性因素一定也会对施虐者自己产生影响。我们在前文提到过，那种自卑会日益加重。另一个同样重要的影响也引发了他的焦虑——他害怕受虐者报复。他认为那些受虐者一旦有机会，就一定会“给他不公平的待遇”，也就是说，如果他不时刻保持进攻状态以防范受虐者，他们就一定会报复他。他必须保持高度的警觉，以随时察觉到他人可能向他发起的进攻，从而使自己变得不可侵犯。他无意识地确信自己不可侵犯，这使他有了一种高傲的安全感：他决不会受伤，他的弱点决不会暴露，他决不会生病或发生意外，甚至会永生不死。然而，无论是人为的还是意外导致的，当他的确受伤时，他的这种虚假安全感就会立刻被击碎，而且，他还可能会因此突发急性恐慌。

在某种程度上，正是他对自己内心中爆发性、破坏性因素的恐惧引发了焦虑。他觉得自己仿佛随身携带着一枚装满了火药的炸弹，只有极度的自控和高度警觉才能排除这些危险因素。假如他喝得烂醉，那些危险因素或许就会浮出表面，那时他可能会变得非常有破坏性。在特殊情况下，他可能会更容易意识到这些冲动，比如，遇到对他而言意味着诱惑的情况时。因此，左拉的小说《衣冠禽兽》中的施虐狂在受到一个女孩吸引时会变得恐慌，因为这激起了他想要杀掉她的冲动。患者在目睹一场意外或者任何残忍的行为时，也可能会突发恐惧，因为这些情景唤醒了他的毁灭冲动。

自卑和焦虑这两个因素在很大程度上是施虐倾向被压抑的主要原因。尽管压抑的程度各有不同，不过破坏性的冲动基本上都未被意识到。总的来说，让人非常惊讶的是，施虐者对自己的施虐倾向从来都一无所知。他只偶尔才意识到自己有虐待比自己弱小的人的欲望。在读懂他人的施虐行为时，他会异常兴奋，还会有一些明显的施虐幻想。但这些点滴的意识一直没有相互联系起来，他在日常生活中对他人的所作所为大多是无意识的。问题之所以会变得如此模糊，是因为他对自己和他人的麻木，如果他的麻木感不消失，他就不能从情感上体验到他所做的事情。此外，施虐者隐瞒其施虐倾向时用的理由非常充分，不但骗过了自己，还骗过了那些被他影响的人。我们必须谨记，施虐狂是严重神经症的晚期阶段。产生施虐倾向的特定的神经症结构决定了他会以哪些借口隐瞒其施虐倾向，下面我们就以三种类型为例进行说明。

顺从型奴役他的伴侣时用的是无意识的、虚假的爱的名义，他有什么需要就会有什么要求。因为他是这样绝望、恐惧而又病得如此严重，所以伴侣就应该照顾他；因为他忍受不了孤独，所以伴侣就应该陪伴他。他常常无意识地向他人展示别人让他受了多少苦，以此间接地表达他的责怪。

攻击型在表达他的施虐倾向时没有丝毫掩饰，但这并不意味着他就是有意识的。他毫不犹豫地表达自己的不满、轻蔑和要求，他不仅觉得自己完全有理由，还认为自己非常坦率。他也会将自己对他人的不尊重和利用外化，并且明确、坚定地告诉他们，因为自己受到了虐待。

疏离型在表现施虐倾向时丝毫不引人注意。他悄悄地挫败他人，以动辄就离开的方式让他人没有安全感，给人一种他正在被他人束缚或者打扰的印象。看到他人出丑，他便心生快感。

然而，患者的施虐冲动或许会被压抑得更深，然后转变成所谓的倒错的施虐狂。患者过于恐惧他的冲动，以至于矫枉过正——尽量不暴露这些倾向，无论是对自己，还是对他人。他对任何类似肯定、攻击或者敌意的东西都选择逃避，所以才会广泛地、深深地压抑自己。

通过一个简短的概述，我们或许可以认清这个过程引起的后果。比如，矫枉过正以及避免奴役他人的结果，是让他不再有下命令的能力，更别说负责或担任要职了，这就使得施虐者过分小心翼翼，甚至压抑了合理的嫉妒。一个好的观察者会注意到，这种患者在事情不如意时就会出现身体不适的症状，如头痛、胃痛等。

在利用他人方面矫枉过正，就会使自卑倾向发展到极致。其表现是，不敢表达任何愿望，甚至不敢有任何愿望；对虐待不敢反抗，甚至不敢觉得自己受了虐待；常常认为和自己的期望或要求相比，他人的更为合理，也更重要；宁愿被利用，也不愿维护自身的利益。这样的人，自然会处于两难的境地。他害怕自己有利用他人的冲动，但是又看不起自己的优柔寡断，认为那是懦弱的表现。而一旦被利用，他就陷入了无法解决的两难之中，采用的应对方式不是抑郁就是某些机体功能出现紊乱。

同样，他不会去挫败他人，反而生怕让他人失望，因此会表现出过分的体贴和慷慨。他会竭尽所能地不做任何可能伤害他人感情或者使他人受辱的事；他会凭直觉说一些“好话”，比如，用一句赞美来鼓舞他人的自信心；他倾向于自己承担全部责任，并且会毫不迟疑地道歉；如果他必须批评他人，也会采用最委婉的方式；即便被他人虐待，他也只会表示“理解”。但与此同时，他对受到的委屈非常敏感，因而内心万分痛苦。

施虐倾向对情绪的影响假如被深深地压抑，或许能让患者产生一种自己对任何人都没有吸引力的感觉，所以他可能会心甘情愿地相信自己无法吸引异性，他必须满足于他人留下的残羹冷炙，尽管有证据显示真实情形其实恰好相反。此处所讲的低人一等的感觉，正是患者所意识到的自卑感，也或许仅仅是自卑感的一种表现。但准确地说，缺乏吸引力或许是患者在面对刺激性诱惑——征服和拒绝等——时产生的无意识退缩。在分析时，有一情形会逐渐变得明朗，那就是患者无意识地虚构了其恋爱的整个图景，于是就发生了一个奇怪的变化：“丑小鸭”渐渐意识到了他吸引他人的欲望和能力。但是，当他人把他的求爱当真时，他又会带着愤怒和轻视远离他们。

由此产生的人格表现带有欺骗性，并且很难评价。它和顺从型极为相像，但事实上，公然的施虐狂往往属于攻击型，而倒错的施虐狂则往往从一开始就表现出显著的顺从倾向，这极有可能是因为他在童年时受到了重大打击，所以被迫屈从。他将自己的真实感受隐藏起来，不仅不去反抗压迫者，还去爱他。随着年龄的增长——或许在青春期前后——他终于无法忍受这种冲突，因此他想在疏离中得到救赎。但是在遭遇失败时，他再也无法忍受象牙塔中的孤独。于是，他好像又回到了之前的依赖状态，只是有一点不同：他想得到他人喜爱的需要是如此强烈，以至于他愿意不惜一切代价来逃避孤独。与此同时，他依然存在的对疏离的需要不断地干扰他依赖他人的欲望，这使得他找到情感归宿的机会越来越少。这种挣扎使得他精疲力竭，于是他绝望了，并且产生了施虐倾向。然而，他依然需要他人的喜爱，所以他不仅压抑了自己的施虐倾向，还矫枉过正，把它掩盖了起来。

在这种情况下，与他人交往成了一种负担，虽然他自己或许并未意识到。他往往倾向于拘谨和害羞，并且时刻扮演着与他的施虐者形象完全相反的角色。自然，他自认为自己真的喜欢同他人在一起。所以在分析治疗中，当他意识到自己对他人根本没有感情，或者十分不确定自己的感情是什么以后，他会特别震惊。此时，他倾向于将这种明显的缺乏情感的情况看成不能改变的事实，但事实上，他仅仅是想将那种对别人有真正感情的假象放弃，无意识地宁愿不去感受，也不面对自己的施虐冲动。除非他认识到这些冲动并且开始克服它们，否则他是无法开始对他人形成积极的感情的。

受过训练的观察者不难看出，隐含在这种情况中的某种因素标志着施虐倾向的存在。首先，他总是用一些不易被人察觉的方式威胁、利用和挫败他人，用一种虽然无意识但却显而易见的态度去轻视他人，这是因为他觉得他们的道德标准非常低。此外，他有一些表现前后不一致，也证明了施虐倾向的存在。比如，患者有时或许会耐心地忍受他人对他的虐待，而有时却对他人给予的最轻微的控制、利用或者屈辱非常敏感。最后，他给人一种“受虐狂”的印象，也就是说，他完全沉浸在受害的感觉中，并且非常享受。只是“受虐狂”这个词及其观点很容易让人产生误解，所以我们最好不要使用它，而只描述其涉及的因素。患者在各种情境中都甘愿受害，因为他在任何场合中都不维护自己。但是，他的软弱让他感到苦恼。他又经常被公然施虐的人吸引，所以他既赞赏他们，却又厌恶他们，正如施虐者觉得他是一个甘愿受害的人，从而也被他吸引一样。这样，他就把自己置于了被利用、挫败和羞辱的境地。然而，他并不喜欢这种虐待，所以深感痛苦。这样的生活只是给了他一个机会，让他可以通过他人发泄自己的施虐冲动，而不需要去面对自己的施虐倾向。这样一来，他自然会觉得无辜，并对他们的虐待行为气愤不已，而同时又希望有一天能够战胜现在虐待他的人。

我所描述的这种情况弗洛伊德也注意到了，然而他却用没有根据的概括草率地公开了自己的发现，反而将自己观点的可信性削弱了。他在将它们纳入自己整个哲学框架中的时候，将它们视为可靠的证据。他认为，这些现象表明，无论一个人表面上有多么优秀，本质上他都是有破坏性的。但是事实上，这种情况是某种特定神经症的特定产物。

我们在前面讨论过的那些观点，有的将施虐狂患者看作性欲倒错者，有的用术语称他们为卑鄙恶毒的人，同这些观点相比，我们现在已经取得了很大的进展。相对来说，性欲倒错是非常罕见的，在它们出现时，也只是患者对他人态度的一种反应罢了。不能否认，施虐者具有破坏性的倾向，然而当理解它们后，我们就会看到，一个做出看似有失人性的行为的人，其实正在承受痛苦。这种观点为我们通过分析来对这个人产生影响提供了可能。我们发现他是一个在绝望中挣扎的人，生活击败了他，所以他想寻求补偿。

结论

神经症冲突的解决

我们越是认识到神经症冲突给人格造成的伤害，就越是迫切地希望彻底解决这些冲突。但是正像我们现在已经了解到的，用理智的决定、逃避或者意志力都解决不了问题。那么该怎么办呢？解决冲突的办法只有一个：必须改变人格中导致这些冲突的条件。

这是一个激进的办法，并且非常艰难。想到改变我们自己是多么困难，就完全可以理解我们为何要千方百计地寻找一条捷径了。或许，这就是为什么患者和其他人经常会问：已经意识到自己的基本冲突是不是就足够了？答案非常明显：不够。

即便心理分析师最初进行分析时就看出了患者处于哪种分裂状态，并且帮助他认识到了自己的这种分裂，上述想法还是无法立刻见效。它或许能为患者带来稍许的安慰，因为患者开始对自己苦恼的确切原因有了了解，而不是像之前那样在一个神秘的迷宫中迷失。但是，患者却仍然无法将这种想法应用到现实生活中。虽然患者能够觉察到自己内心的各种冲突，但他仍然会处于分裂状态。他从分析师那里接受了这些事实，就像听到一个陌生的消息，这个消息听起来似乎是真的，但是他意识不到它和自己有什么关系。患者无意识地固守自我，令他意识到这些情况失去了更大的效用。他会无意识地坚持认为：分析师将他的冲突夸大了；假如没有外部环境的干扰，他可能早就康复了；他的痛苦可以被爱情或者事业的成功消除；他可以通过不与他人接触从而避免冲突的发生；虽然普通人不能同时遵守两个完全相反的原则，但他却能够用自己的意志力和智慧做到这一点。或者，他可能会无意识地认为心理分析师是江湖骗子或好心的傻瓜，“好治不病以为功”或者根本就不知道他已经无药可救了。因此，这意味着，患者将会用绝望来回应分析师的建议。

患者在思想上的保留表明，他要么会坚持自己特有的解决冲突的方法，因为这些方法对他来说比冲突本身更加真实；要么已经彻底绝望，不再相信自己能被治愈。所以，分析师必须先对患者解决这些冲突的尝试及其效果进行检验，才能有效地应对患者的基本冲突。

想要寻找捷径，就会产生另外一个问题，弗洛伊德对遗传性的重视使这个问题变得更加重要：是否认识到这些冲突倾向，寻找到它们的根源，并将其与患者童年时期的表现联系起来就能解决问题呢？答案还是：不够。理由和前面所说的相同。就算患者详细地回忆了自己童年时期的经历，也丝毫无助于解决他的冲突，最多只能让他更加善待自己，对自己更为宽容。

不过，患者最初的冲突确实是由他儿童时期与自我以及他人关系的改变引起的，所以尽管全面理解早期环境的影响及其对儿童人格的改变，对于临床分析而言没有什么直接的价值，但对于我们研究神经症冲突的形成条件却是有帮助的。对于冲突形成的过程，我在本书前面的章节和已经出版的著作里都已进行了描述。简单来说，一个孩子或许会发现自己处于一种对他内心自由、自发性、安全感和自信有威胁的环境中，也就是说，他发现自己的精神核心受到了威胁，于是他会觉得孤立无助，所以，他与他人打交道的方式是由迫切的需要和对利害关系的考虑决定的，而不是出于他的真实感受。他无法坦白地表达愿意或者不愿意，喜欢或者不喜欢，信任或者不信任，所以不得不想尽办法应付他人，在与他人周旋时使用对自己伤害最小的方式。我们可以将这种生活方式的根本特点概括为：与自我和他人的疏离；被绝望笼罩；任何人都有的忧虑感；以及一种存在于人际关系中的敌对性紧张——最初是一般的警惕，后来发展为绝对的憎恨。

只要这些状态继续存在，神经症患者的冲突倾向就不可能消除。而且，随着神经症的进一步发展，他们产生的内心需要会变得更加迫切。实际上，他与自己、与他人的关系还会因这种虚假的解决方法而变得更加紊乱，这就意味着真正地解决冲突会变得越来越不可能。

因此，改变这些状态，就是分析治疗的目标。我们必须帮助神经症患者找回自我，让他渐渐意识到自己真实的感受和需要，树立起自己的价值观，并且帮助他在真实的情感和信念的基础上与他人相处。如果我们真能创造奇迹做到这一点，那些冲突自然会消失不见。奇迹不会自己发生，要想促成这种变化，我们就必须知道需要采取哪些步骤。

无论症状多么奇特，每一种神经症实际上都是一种性格障碍。所以，心理分析的任务就是对整个神经症的性格结构进行分析。因此，我们对这种结构及其个体差异的认识越清晰，就越能准确地确定需要做的工作。如果我们将神经症视为患者建造的防御工事，为的是应对他的基本冲突，就可以将分析大致分为以下两个部分。

第一部分是对患者为了解决冲突所做的无意识的努力，以及这些努力对他整个人格造成了怎样的影响进行详细考察。在这一部分，我们无须考虑这些努力与潜在的基本冲突的特定关系，只需研究他的主要倾向、理想化意象和外化作用对他的影响等。不首先考虑冲突，就无法理解这些努力，更别说对其进行研究了，这种想法是错误的。因为虽然它们是患者为了解决冲突而做出的，但是它们本身也有各自的规律、重要性和影响力。

第二部分是处理冲突本身，这意味着除了要帮助患者认识到冲突的大致情况，还要帮助他们明白冲突是怎样发生作用的。换句话说，要让患者了解这些相互矛盾的冲突的倾向及其产物——态度——是怎样相互干扰的。比如，患者有顺从倾向，还有倒错的施虐倾向，这一倾向又强化了他的顺从倾向，所以，他应该了解，正是这种顺从的需要对他赢得比赛胜利或者在工作中脱颖而出造成了阻碍，与此同时，他想战胜他人的欲望又使胜利成了必不可少的东西。又比如，他应该明白，他的禁欲主义有许多种原因，而这种“禁欲”又与他对同情和爱的需要相矛盾。我们必须让他知道，他是怎样从一个极端走到另一个极端的。比如，他是如何有时对自己过于严格，有时又过于宽容的；或者他对自己外化的需要是如何在他的施虐倾向的作用下加强的，而这一需要又和他想显得仁慈的需要相冲突；或者他如何前一刻还在指责他人的所作所为，后一刻又原谅他们；或者他怎样在自认为应该享有一切权利与自己不应该享有任何权利这两种态度之间举棋不定。

不仅如此，这部分分析工作还包括向患者解释他试图达成的妥协是不可能实现的。比如，分析师要明确地告诉他，他试图将自私和慷慨、征服和关爱、控制和牺牲等结合起来的做法很可能是徒劳的。分析也可以帮助患者认识到，他的理想化意象和外化行为等是如何被他的冲突掩盖，并暂时缓解冲突带来的破坏性力量的。总的来说，分析就是让患者彻底理解他的冲突对他人格的普遍影响，以及它们是怎样引发他的种种症状的。

一般来说，分析师在进行分析时，无论进行到哪个阶段，患者都有自己相应的防御方法。当分析师对他为解决冲突而做出的努力进行分析时，他会一心想要维护自己的态度和各种倾向中固有的主观价值，因此会拒不透露其真正的领悟。当对他的冲突进行分析时，他只是想证明他的冲突根本就不是冲突，因此他认识不到自己特有的倾向实际上是相互矛盾的。

至于应该遵循什么样的顺序进行分析，弗洛伊德的建议或许具有明确的指导作用。他在心理分析中应用了医学分析中的有效原则，强调在帮助患者解决问题时尤其需要注意以下两点：分析师的解释应该是有益的，并且还是无害的。换言之，分析师必须总是想着两个问题：患者在此刻知道了真相，是否能承受得住？我的解释对他是否有意义，能否让他用一种建设性的思维思考问题？如何判断患者的承受底线，迄今为止仍没有一个确切的标准，也不知道究竟怎样做才能促使他们进行建设性的思考。而什么时候向患者做出解释是最好时机，由于不同患者之间的结构差异太大，所以我们也无法确定。虽是这样，我们也应当遵守以下基本的指导原则：只有在患者的态度有了特定的变化后，我们才可以和他轻松地探讨他的某些问题。以此为基础，我们可以尝试一些常用的方法。

分析师即使为患者指出了他的主要冲突也是没有用的，因为他一心想要追求那些对他来说意味着救星的幻觉。患者必须先要明白这些追求没有丝毫用处，而且对他的生活造成了干扰。分析师分析的主要内容不应是冲突本身，他应用最简单明了的语言帮助患者分析其为了解决冲突所做出的努力。我的意思并不是要刻意避免提到冲突。分析师在对患者进行分析时采用哪种分析方法，要依据患者神经症结构的脆弱程度而定。某些患者如果过早地了解了自己冲突的真相，只会陷入恐慌；而对另外一些患者来说，过早了解自己冲突的真相对他们没有一点儿意义。不过从逻辑上来说，只要患者不放弃他自己的解决方法，并且还无意识地指望依赖它们混日子，我们就不能指望他会对自己的冲突产生兴趣。

在对待患者的理想化意象时，同样需要格外谨慎。本书虽然没有对在哪种条件下会促发这种意象进行详细叙述，但是谨慎对待它还是有必要的。因为对患者来说，理想化意象往往是他们唯一感到真实的东西。不仅如此，理想化意象还可能是唯一能使患者感觉有自尊并让他们不在自卑之中沉沦的因素。在对患者的理想化意象进行破坏之前，必须让他获得一些现实的力量，否则他是无法忍受的。

在分析的早期阶段就对施虐倾向进行修复，不会有任何作用，一部分原因在于，这些倾向与患者的理想化意象相距甚远，两者形成了鲜明的对比。甚至在分析的后续阶段，当患者意识到自己的施虐倾向时，仍会感到恐惧和厌恶。只有当患者的绝望得到改善时，我们才能进行这种分析，其中一个更为重要的原因是：当患者仍然无意识地相信他只能选择这种替代性生活方式时，他是没有兴趣和分析师一起探讨自己的施虐倾向的。

上述原则也可以指导分析师根据患者特定的性格结构给出不同的解释。例如，当患者表现出攻击倾向时——他自认为情感是懦弱的表现，于是转而追求那些彰显力量的东西——分析师理应首先分析他的这种想法以及这种想法所产生的影响。无论患者对亲密关系的需要有多么明显，分析师都不应首先对其进行考量。患者会认为自己的安全受到了威胁，从而非常抵触任何这样的举动，他觉得他必须防备分析师想要把他变成“老好人”的打算。只有在他变得更为强大时，他才能够忍受他的顺从和自卑倾向。分析师在分析这样的患者时，必须在一段时间内避免提及“绝望”这一话题——他或许会拒不承认这种感受，因为对他来说，绝望意味着令人厌恶的自怜，并且等同于承认了自己的失败。相反，假如患者的顺从倾向占主导，分析师就应该首先对他“亲近人”的表现进行分析，然后再提及他的控制和报复倾向。又比如，如果是一个将自己当成一个伟大的天才或者完美的情人的患者，就不要分析他对被轻视和拒绝的恐惧了，因为那完全是在浪费时间，如果还想对他的自卑进行分析，就更会一无所获了。

在某些情况下，分析初期所能处理的问题是极其有限的，尤其是当患者将顽固的自我理想化和高度的外化作用结合在一起的时候，这种结合使患者无法容忍自己有任何缺陷。假如分析师发现了这种情况，就应该避免做出“问题是出在患者身上”之类的暗示，即使最隐晦的暗示也不可以，这是最节省时间的处置方法。不过，在这个阶段，分析师可以选择性地触及患者的理想化意象的某些方面，比如，患者对自己的要求太苛刻。

分析师要想更加快速、准确地掌握患者在与他人交往时想要表达的东西，就应该熟悉神经症结构动力学，这样他就可以明确自己应该在何时、从什么问题入手。一位内科医生在观察到患者有咳嗽、盗汗或者常在下午倍感疲惫的症状时，就会考虑患者是否患了肺结核，并据此找到治疗的依据。同样的道理，分析师在明确自己应该何时从哪个问题入手后，就能够从最隐蔽的症状中发现和预见患者的人格结构图，从而把注意力集中在他应该注意的因素上。

比如，患者在与人交往时表现了谦虚的倾向，且行为表现唯唯诺诺，很崇拜分析师，此时，分析师就有必要考察一下他的这些表现是否发自内心，并据此观察患者是否“亲近他人”。如果他能找到更多的证据，他就能尝试从每个可能的角度对患者进行归类。同样，如果患者总是提起让他感到屈辱的经历，并且表示害怕分析师也会这样对待他，分析师就应该知道，他必须帮助患者减轻对羞辱的恐惧。他可以选择解释那时最容易被观察到的恐惧的根源，比如，如果患者已经意识到了自己的理想化意象，他就可以将这种恐惧与患者维护理想化意象的需要联系起来。如果在分析过程中，患者表现得很迟钝，并且持“宿命论”，分析师就要尽最大努力帮助他消除绝望。如果这种绝望发生在分析初期，分析师可能只能向患者说明，他是在自暴自弃。然后，分析师应当尽量让患者明白，他的绝望是一个需要得到理解和最终解决的问题，而绝非源于一个真实的、无助的情境。如果绝望出现在分析的后期，分析师或许可以将它与患者无法达到理想化意象的要求或者无法找到解决冲突的方法联系起来。

以上所有建议给分析师提供了很大的发挥余地，分析师可以在它们的帮助下使用敏锐的直觉感知患者内心的真实情况。直觉是分析师不可或缺的宝贵工具，他们应当最大限度地利用它。但是，运用直觉并不代表整个分析过程是一门“艺术”，也不代表只运用常识就能完成。以对神经症性格结构的了解为基础，分析师的诊断能更具科学性，他们也能以精准、负责任的方式开展分析。

不同患者之间神经症性格的结构也有着巨大的差异，分析师只能不断摸索着前进，但仍免不了会犯错。这里所说的错误，并不包括那些重大的错误，比如，将患者没有的动机强行安在他身上，或者在抓住患者的神经症的本质驱力之前，就做出患者还无法接受的一些解释。重大的错误是能够避免的，但是有一个错误总是无法避免，那就是过早做出解释。要想及时察觉到自己的错误，以便马上调整分析方案，就需要我们在给出解释时，认真观察患者的反应。我认为，人们似乎过分强调了患者的“抗拒”——过分关注患者对某种解释是接受还是拒绝——而忽略了他的反应到底代表着什么。这很不幸，因为分析师在指出问题后，只有弄清楚患者反应的所有细节，才能知道接下来应该先做什么，才能促使患者解决这一问题。下面举例说明这种情况。

一位患者发现，自己在与他人相处时，无论对方向他提出何种要求都会让他非常恼火，哪怕是合理的请求对他来说也是一种强迫，合情合理的批评也会被他视为一种侮辱。可是，他却觉得自己可以随意要求对方，并且毫不留情地批评他们。换句话说，他赋予自己各种特权，却什么也不给对方。他渐渐意识到，这种态度必然会伤害甚至毁灭他的友谊和婚姻，因此在分析过程中他一直非常主动地配合分析师。可是，当他意识到这种态度会造成的后果时，他却沉默了，并且表现出了轻微的焦虑和抑郁。在他的一些社交行为中也表现出了明显的回避倾向，这同他之前迫切地想要和一个女性建立关系形成了鲜明的对比。这种倾向让他不能忍受与他人平等相处，尽管他在理论上是接受平等观念的，但还是拒绝实践。他的这种抑郁，正是因为意识到了自己处于无法解决的两难之中，回避则说明他正在寻找解决办法。当他意识到回避解决不了问题，而且改变态度是唯一的办法时，他开始奇怪为何自己无法忍受与他人平等相处。随后，他的社交行为表明，他在情感上只看到了两种可能性，即拥有所有权利和没有任何权利。他担心如果不再拥有权利，他将只能按照他人的意愿行事，而无法做自己想做的事。

这反而引发了他的顺从和自卑倾向，虽然分析师在此之前就观察到了这些倾向，但却并未注意到它的强烈程度和意义。使患者形成强烈的顺从和依赖倾向的原因有很多，以至于他不得不人为地建立一个防御系统，把所有的权利都收归己有。这种防御手段对他如此重要，以至于如果要他在顺从一个迫切的内在需要时就将之放弃，就等于是要他抛弃自己的整个人格。因此，分析师需要先对他的顺从倾向进行分析，而后才能考虑改变他的专制态度。

本书的所有内容都清楚地表明，要想彻底解决一个问题，不能永远只使用一种方法，必须从各个角度反复探讨这一问题。这是因为患者的每一种态度都有多种根源，并且用各自不同的作用影响着神经症的发展。比如，对情感的病态需求在最初阶段的表现是逆来顺受，在处理这一需求时，必须解决上述两种态度。当我们开始对患者的理想化意象进行讨论时，必须继续研究这两种态度。我们会发现，患者可能认为息事宁人是圣人的一种表现。当对他的疏离倾向进行讨论时，我们就会明白为何这种态度还有避免与人发生摩擦的需要。还有，当我们发现患者控制自己的施虐冲动以及对他人的恐惧时，这种忍让态度的强迫性质就更为明显了。在其他例子中，患者对强迫的敏感或许首先被认为是产生于疏离需要的防御性态度，接着是对权力的渴望的投射，最后或许会被认为是一种源于内心压迫或其他倾向的外化表现。

在分析过程中，任何一种神经症态度或冲突，都应该与患者的整个人格相联系并进行理解。这就是我们所说的“修通”。这个过程包括下列步骤：帮助患者认识他的特定倾向或冲突的所有公开和隐藏表现，帮助他认识到它们的强迫性，并且理解它们所具备的主观价值，以及造成的不利后果。

当患者发现自己有神经症的特殊表现时，通常会提出“它是怎么产生的”之类的疑问，而不是去正视它。不管他是有意还是无意，他都希望追本溯源以解决问题。分析师不能让他逃回过去，而要让他了解那种特异表现本身，包括它的具体表现形式，他对它的态度，以及他使用了何种方法掩盖它。比如，如果患者对顺从的恐惧已经非常明显地表现出来了，他必须明确他在哪种程度上对自己的自卑感到恼怒、害怕和失望。他必须认识到，为了消除一切可能的顺从和与之有关联的所有倾向，他在生活中无意识地压抑了自己。然后，他会明白，他那些表面上有很大差异的态度其实都是为了达到这一目的。他使自己变得麻木，以至于不知道他人的感受、愿望和反应。他因此变得一点儿也不关心别人。他对他人表达爱的冲动，以及他人对他自己表达爱的愿望，都被他压抑了。他蔑视他人的温情和善意。对他人的请求，他情不自禁地拒绝。在社交中，他认为自己有权对他人表现得反复无常，向他人提出各种苛刻的要求，剥夺他人的权利。假如患者表现出了全能感，仅仅让他意识到他有这种感觉还远远不够，还必须让他明白，他是怎样给自己定下不可能完成的任务的。比如，他认为自己可以用最快的速度写完一篇有着复杂主题的论文，虽然很疲惫，他也能做到思路敏捷、下笔如神；在分析过程中，他认为自己刚一看见问题就可以解决它。

除此之外，患者必须意识到，他身不由己，受制于特定的倾向，甚至有时会与自己的愿望和利益背道而驰地行事。他必须意识到，这种强迫完全不分对象，在任何情况下都存在。比如，他应该明白，他不仅对敌人苛刻，对朋友也一样吹毛求疵，无论对方怎样做，都会被他责备：如果对方态度友善，他会怀疑对方心存内疚；如果对方固执己见，他会表现得非常专制；如果对方做出让步，他会认为对方懦弱；如果对方想和他在一起，他会觉得对方不够庄重；如果对方拒绝他，他会认为对方小气等。如果患者对是否被他人接受或者受欢迎这个问题进行讨论，那么他必须意识到，即使一切证据都指向反面，他也不能改变自己的怀疑态度。理解一种倾向的强迫性也包括认识该倾向受挫时患者的反应。比如，如果出现的倾向是患者对受人喜欢有着强烈的需求，那么他必须看到，任何拒绝或者友好的减弱都会让他觉得失落和吃惊，即使这一迹象极为轻微或者那个人对他来说是如此无足轻重。

第一步是让患者清楚地认识到他的问题的严重性，第二步是让他了解隐藏在问题背后的原因的强度。这两个步骤都可以激起患者进一步审视自己的兴趣。

当分析师对患者某种特殊倾向的主观价值进行考察时，患者往往会迫不及待地主动提供信息。患者可能会表示，他是被迫反抗和藐视权威或者任何类似于强迫的东西的，否则就会被对方彻底控制，比如会被强势的父母剥夺自由。在成长过程中，优越感曾经帮助或者正在帮助他克服自卑；他的疏离倾向或者“无所谓”的态度保护了他，使他免受伤害。患者的这种想法的确源于他的防御心理，不过也给我们带来很多启发。它告诉我们为何患者某种特定态度占了上风，并展示了这种态度的历史性价值。在它的帮助下，我们可以更好地理解患者的发展过程。更重要的是，它还可以引导我们理解这一倾向对患者目前状况所起的作用。从治疗的角度来说，这些作用具有更为重要的意义。没有哪一种神经症倾向或者冲突仅仅是过去的遗产，就像一种痼习一样，一经形成就无法改变。我们可以确定，目前的性格结构所拥有的迫切需要决定了所有的倾向或者冲突。我们必须首先改变目前正在起作用的力量，至于认识到某种神经症的特殊表现，虽然有一定的价值，但并非主要价值。

大多数时候，每种神经症倾向的主观价值都在于它能够平衡某些其他倾向。所以，彻底理解这些价值可以帮助我们处理某一具体病例。比如，如果我们意识到患者不能放弃他的全能感（因为这样他可以将自己的潜能当作现实，把自己的宏伟计划当成已经获得的成就），我们就需要确定他在何种程度上活在自己的想象中。如果他让我们明白，他用这种方式生活为的是确保自己不失败，我们的注意力自然会转到那些会使他的预期失败，且让他害怕失败的因素上。

分析治疗中最重要的步骤，是让患者看到他认为有价值的东西其实具有很大的危害性，也就是说，他的神经症倾向和冲突只会让他失去很多的能力。这样的启发工作，我们在先前的步骤中已经做了一些，不过，让患者看清自己病情的所有情况和细节才是重中之重，只有在那个时候，患者才会真正觉得需要改变自己。考虑到所有的神经症都有维持现状的强迫性，就需要一种足以压倒这一阻力的刺激，才能让它们发生改变。可是，这种刺激只能源自患者对内心自由、幸福和成长的渴求，源自他“每一种神经症表现都对这一渴求的实现有阻碍”的认识。所以，如果他有贬低自己的倾向，那正是这种倾向扼杀了他的自尊，并让他丧失希望；这种倾向让他感到自己不被他人接受，迫使他去忍受虐待，同时又让他怀恨在心；他的主动性和工作能力被这种倾向扼杀了；为了不让自己坠入自卑的深渊，他被迫采取了一系列防御性态度，如自我膨胀、自我疏离等，这使得他的神经症变得更加严重。

同样，在分析过程中，如果某种特定冲突已清晰可见，分析师就必须让患者认识到这种冲突对他的生活产生的影响。比如，患者的冲突源于自卑倾向和对成功的渴望之间的矛盾，分析师就应该了解这是倒错性施虐狂所特有的、极度压抑的结果。患者应当明白，他每次自谦时都会觉得自卑，并对他所奉承的人心存怨恨；另外，他每次想要挫败他人时都会对自己心存恐惧，而且担心遭到别人的报复。

有时候，即便患者意识到了一切不良后果，可仍然对克服自己的神经症不感兴趣。相反，问题好像渐渐从他眼前消失了，他用不引人注意的方式把问题扔到了一边，他的病情却没有任何好转。事实上，他已看到了他给自己带来的伤害，因此这种没有反应的情况反而会引起他人的注意。不过，如果分析师没有敏锐地觉察到这种反应，他就很可能会忽视患者这种缺乏兴趣的情况。而患者会岔开话题，分析师则跟随他的话题，直到他们又一次遇到了这样的僵局。很长一段时间后，分析师才突然意识到，自己虽然做了很多努力，可对患者的治疗却没有太大的进展。

如果分析师知道患者身上偶尔会有这种反应，他就应该问自己，这种态度已经给患者造成了一系列不良后果，但他为何无法改变这种态度。原因通常有很多，分析师只能循序渐进地进行处理。患者或许还深陷在绝望中，认为自己不能改变现状，他想战胜分析师，挫败他、让他颜面扫地的愿望或许远远超过了他对自己的兴趣；他仍然有很强烈的外化倾向，所以即使他承认了这样做的后果，却不会将其与自己联系起来；他或许仍然有很强烈的全能感，以至于虽然他明白不良后果无法避免，却还是心存侥幸，觉得自己能不受其害；他的理想化意象或许依然非常僵化，以至于他接受不了自己居然有神经症态度或者冲突。于是，他会恼怒自己，觉得自己已经意识到了问题的存在，应该有能力解决自己的问题。意识到这些可能的原因非常重要，因为假如分析师忽视了这些原因，就很容易将自己变成休斯顿·彼得森所说的“心理学痴迷者”，也就是为心理学而心理学。在这种情况下，让患者接受自我是非常有益的。哪怕冲突本身没有任何改变，仍会让患者感到欣慰，并且开始希望挣脱像蛛网般将他缠住的冲突。这种有利于分析的局面一旦形成，患者的改变就指日可待。

不用说，上面的论述并非一篇关于分析技术的论文。关于分析过程中会激化问题以及会产生疗效的因素，我并不指望能全部论述。比如，患者将他的防御性和攻击性带入与分析师的关系中会对分析产生怎样的影响，这无疑是一个很值得研究的因素，但我并没有论述。我描述的步骤所包括的基本过程都是每一次出现新的倾向或者新的冲突时我们必须经历的，但是因为即使分析师注意到了患者的问题，可患者本人或许还没有意识到，所以事实上我们通常无法按照所列的顺序进行分析。就像我们在前面那个关于患者自以为有权利的例子中所看到的，一个问题或许只是揭示了另一个问题，而后一个问题才是我们应当首先分析的。只要最后每一个步骤都做到了，顺序倒是次要的。

患者的问题不同，通过分析所带来的症状改善情况也会不同。当患者认识到自己的无意识愤怒及其产生的原因时，他的恐慌或许就会平息；当他看到自己陷入的困境时，他的抑郁或许就会消失。不过，只要分析工作做得好，不管特定问题是否修通了，都能使患者对自己和对他人的态度发生某些变化。如果我们同时要解决的是一些不同的问题，比如，认为自己想要什么就能得到什么、过分强调性欲、对强迫十分敏感等，就会发现，它们影响人格的方式基本上是一样的。不管我们对这些问题中的哪一个进行分析，都能令患者常常表现出的恐惧、绝望、敌意以及与自己、他人的疏离等症状减轻。我们不妨来考虑一下，在下面这些病例中，患者的自我疏离是怎样得以减轻的：一个把自己的想象当成现实的人，将自己视为伟大的天才，他看不到自己的真实能力，也看不到自己的局限，通过分析，他不再将自己的潜能看成已取得的成就，他不仅可以了解自己的真实感受，还能面对真实的自己；一个过度强调性欲的人，只有在性体验以及性幻想中才觉得自己还活着，他认为性吸引力是自己唯一具有的优点，他以为的胜利和失败都局限在性领域，只有认清这一状况，他才能对生活的其他方面产生兴趣，从而找回自我；一个对强迫十分敏感的人，只觉得自己被他人控制和支配，已经忘记了自己的愿望和信念，在分析过后，他逐渐明白自己真正想要的是什么，所以能够朝着他的目标努力。

无论被压抑的敌对情绪从何而来，表现为何种形式，在分析过程中，它们都会不时地浮现出来，使患者变得更加易怒。但随着某一种神经症态度的消失，这些敌对情绪都会得到缓解。当患者意识到自己可以独立面对困难、不再那么容易受伤害的时候，当他觉得自己的愤怒、依赖和苛求减少了的时候，他的敌意也会逐渐减少。

敌意缓解的主要原因是绝望的减少。一个人的内心越强大，就越不会总觉得被人威胁。这种力量的增长有多种原因，比如，以前他总把注意力放在他人身上，而现在却将它留给了自己。他变得积极、主动，且开始建立自己的价值观。之前用来压抑自己的那部分能量也被他释放了出来；他不再那么压抑，不再被恐惧、自卑和绝望弄得心力交瘁，所以他能逐渐发掘出更大的力量。如今的他能够在合理的基础上做出让步，而不再盲目地顺从、对抗和发泄施虐冲动，这使他变得更加坚强。

最后，患者会因原有的防御系统被破坏了而变得有些焦虑，不过这只是暂时的，随着后续步骤的进行，患者不再像从前那样恐惧自己和他人，所以这种焦虑终将得到缓解。

这些变化最终都会在患者与自己、与他人的关系的变化上反映出来。他不再觉得孤单。他变得强大和友善后，就不再觉得他人是自己必须对抗、控制或者回避的威胁了，所以能够和他们友好相处。他的自卑感随着外化作用的减弱而减轻，他与自己的关系也得到了改善。

我们通过观察患者在分析过程中发生的这些变化可以看到，它们同样是引起早期冲突的原因。那些强迫性倾向，在神经症形成的过程中日趋严重，但在分析的过程中则刚好相反。当患者发现从前在面对孤独、绝望、恐惧和敌意时所采取的态度越来越不具意义，他就会尝试改变它们。确实，如果觉得自己有能力面对那些自己讨厌而又欺负自己的人，能和他们平等相处，为什么要低声下气或者牺牲自己呢？如果自己内心有足够的安全感，可以和他人一起生活和工作，而不必担心自己的才能被埋没，为什么还要拼命追求权力和名声呢？如果自己有能力去爱，并且不害怕竞争，自然也就不会对别人退避三舍了。

完成这项工作是需要时间的，患者越是纠结在冲突中，面对的障碍就越多，需要的时间也就越长。人们对简短的分析疗法的渴求是可以理解的。我们希望分析能帮助更多的人，使其受益，毕竟，哪怕只有一点儿帮助也总好过没有帮助。但是，神经症有轻重之分，分析治疗自然也就会有缓急之分，较为轻微的神经症可以在相对较短的时间内治愈，而对于较为严重的神经症，想要缩短分析治疗所花的时间，就必须足够熟悉神经症性格结构，这样就能在寻找解释这一步骤中节省很多时间。

虽然一些短期精神疗法非常有前景，但不幸的是，其中大多数都是以想当然为基础的，而且使用这些疗法的人并不了解在神经症中发挥作用的那些力量是多么强大。幸运的是，解决内心冲突并非只有分析这一种方法。生活本身就是一位很好的“分析师”，也就是说，不管是谁，只要有丰富的生活体验，就能够帮助自己完善人格。或许是将一位伟人当成榜样；或许是一个悲剧让神经症患者有了与他人亲密接触的机会，从而使他摆脱了自我疏离的状态；或许是因为同志同道合的人交往，使患者觉得没有必要控制和回避。另外，神经症行为造成的后果或许非常严重，或者经常一而再再而三地出现，这必定会给患者留下深刻的印象，使其见怪不怪，从而使他们的恐惧大大减轻。

但是，我们无法控制由生活完成的“治疗”。我们无法人为地设计一种困境、一份友谊或者一种宗教体验来满足某个人的特殊需求。生活是一位无情的分析师，可能帮助了某位神经症患者，却毁掉了另一位患者，况且神经症患者认识到自己行为造成的后果并且从中吸取教训的能力是极其有限的，这一点我们已经非常清楚。可以这样说，假如患者真的有能力从自己的切身体验中汲取教训，能够意识到自己的行为所造成的后果，自己该负什么样的责任，并将这些领悟运用到生活中，我们的分析治疗任务也就没必要继续下去了。

我们已经认识到冲突在神经症中的作用，而且意识到它们是能够被解决的，这让我们觉得有必要对分析疗法的目标重新定义。虽然很多神经症属于医学疾病，但是却无法用医学术语来定义这些目标。这是因为，即便是一些身心疾病，它们在本质上也是人格冲突的最终表现形式，所以必须在人格范畴内界定分析疗法的目标。

这样一来，我们就会有很多的治疗目标。我们要鼓励患者以积极的心态享受生活，学着做决定，并愿意为此承担后果负起责任，也就是培养对自己负责的能力。除此之外，还要鼓励他们为他人承担责任，愿意承担义务并相信这些义务的价值，无论这些义务是关系到自己的父母、孩子、朋友、下属、同事，还是社区、国家。

还有一个目标与此有密切联系，那就是帮助患者获得内在的独立，让他既不盲从，也不轻视他人的观点和信念。这表示要让患者建立自己的价值观，并且将其运用到实际生活中。这意味着，要鼓励患者在与他人相处时尊重对方的个性和权利，从而实现人格上的平等。这也和真正的民主精神相一致。

我们还可以将这个目标定义为“感情的自发性”，也就是感情的觉醒和活力，不管涉及的是爱与恨，还是快乐与悲伤，恐惧与希望。这既包括有表达的能力，也包括有控制的能力。因为爱和交友的能力非常重要，所以在这里必须特别指出：寄生般的依赖和虐待般的控制都不是爱，那爱是什么？如麦克马雷所说：“一段关系，本身就是一种目的。我们在这段关系中可以相互联络，因为对人类来说，与他人分享经历是非常自然的。我们可以互相理解，找到共同的快乐和满足，并向对方敞开心扉。”

实现内在的完整，这是对治疗目标最为全面的描述：没有伪装，情感真诚，毫无保留地投入到感情、工作和理想中。要想接近这一目标，首要的任务就是解决冲突。

这些目标并不是武断地提出的，它们可行、有效，符合各个时代中的智者的理想。这种符合并非偶然，因为它们同样是精神健康的基础因素。我们之所以将这些目标提出来，是因为它们是根据神经症的病理原因合理推导出来的。

我们坚信人格是可以改变的，因为有经验作为支撑，所以才敢提出这么高的目标。并非只有小孩才具有可塑性，我们所有人只要还活着，就都有能力改变自己，甚至可以从根本上改变自己。而精神分析法就是一种可以为我们带来根本改变的有效方法。我们对神经症中起作用的各种因素认识得越清楚，做出改变的可能性就越大。

无论是分析师还是患者，想要完全达到这些目标都是不可能的。这些目标是我们为之努力的理想，其实际价值能够给我们的治疗和生活指明方向。如果我们不切实了解这些理想的意义，就可能会在抛弃一个旧的理想化意象后，又用一个新的理想化意象来取代。我们也必须明白，分析师只能帮助患者获得自由，鼓励其朝着理想努力，而并没有能力将其变成一个完人。换句话说，我们只是给患者提供了一个能让他变得更加成熟的机会，让他能够得到更好的发展。